# 讲给青少年的人工智能

刘希良 著

团结出版社

© 团结出版社，2025 年

图书在版编目（ＣＩＰ）数据

讲给青少年的人工智能 / 刘希良著 . -- 北京：团结出版社，2025.3. -- ISBN 978-7-5234-1346-3

Ⅰ . TP18-49

中国国家版本馆 CIP 数据核字第 202498YY48 号

责任编辑：何　颖
封面设计：谭　浩

出　　版：团结出版社
　　　　　（北京市东城区东皇城根南街 84 号　邮编：100006）
电　　话：（010）65228880　65244790（出版社）
　　　　　（010）65238766　85113874　65133603（发行部）
　　　　　（010）65133603（邮购）
网　　址：http://www.tjpress.com
电子邮箱：zb65244790@vip.163.com
　　　　　tjcbsfxb@163.com（发行部邮购）
经　　销：全国新华书店
印　　装：三河市东方印刷有限公司

开　　本：146mm×210mm　32 开
印　　张：8.25　　　　　　　　字　　数：119 千字
版　　次：2025 年 3 月　第 1 版　　印　　次：2025 年 3 月　第 1 次印刷

书　　号：978-7-5234-1346-3
定　　价：48.00 元

# 目 录

一

# 人工智能，你好！

揭开人工智能AI的面纱

机器人也要「上学」？

把「人脑」装进机器里？

人工智能的五官大揭秘

AI有神经？人工神经网络

编程：AI的超级制服

人工智能比你更懂你？

你有十万问，它有千万答

## 1 揭开人工智能 AI 的面纱

人工智能（Artificial intelligence，简称 AI）可以通过计算机程序和算法，让机器学会感知、学习、推理和决策，就像我们人类做的事情。

这听起来很酷，那你可能会问，程序和算法又是什么？

"程序和算法"非常重要，是核心概念，我们后面会详细说明，先来一起看看 AI 是怎么工作的吧。AI 的工作原理可有趣了，你想象一下，我们接下来教一个机器人如何认识苹果和香蕉。首先，我们给它看很多苹果和香蕉的图片。设定一个程序让它不断学习这些图片，机器人逐渐学会了如何区分苹果和香蕉，这就是"机器学习"。然后通过更多的学习方法，就是程序员设置的算法，慢慢地，机器就和人一样拥有一个"神经网络"，AI 会变得更聪明。

AI 基本的工作就是这样。那你可能会关心，AI 有什么实际应用吗？当然有，比如，我们看到的手机里的语音助手 Siri 就是 AI 的一种应用。它们能听懂你说的话，并根据你想要的、想做的提供对应的信息，甚至能和你聊天；还有，我国自主品牌生产的"小爱同学"相信不少人听过或购买过，也是 AI 的应用，它能控制家里的智能设备。

AI 能做的可远不止这些，例如，AI 能帮助医生诊断疾病。通过分析很多医学影像和病历数据，AI 能发现医生可能忽略的细微差别，这样可以有助于提高诊断的准确性。比如，一些科技型企业研发的健康管理程序，可以快速地分析癌症患者的数据，及时地提供治疗建议，帮助医生制定更有效的治疗方案。

AI 能借鉴和应用的领域可是越来越多了，我们接着来看。像有的人家里使用的一些新能源汽车，它们一样用了 AI 技术，AI 能帮助自动驾驶汽车。汽车通过 AI 学习大量的驾驶数据，可以学会如何识别交通标志、路况和行人，就能自己开车啦。未来，我们在路上会更安全，也能减少交通事故。

在未来，AI 可能会在更多领域帮助我们。比如在教育领域，也就是课堂上，AI 可以根据每个学生的学习情况，制订个性化的学习计划，帮助学生更高效地学习。在环境保护方面，AI 还可以通过分析气候数据，预测气候变化趋势，并提出应对措施，帮助我们更好地保护地球。

随着技术的不断进步，未来的 AI 可能会变得更加智能和人性化，为我们的生活带来更多的惊喜和改变。

接下来的内容我们会逐步展开讲述人工智能在各个领域的应用，并分析以此诞生的新的职业，带大家畅想未来 AI 新时代。

## 2 机器人也要"上学"？

前面我们提到了两个概念：程序和算法。接下来我们具体展开聊聊它们究竟是什么。

事实上，平时大家喜欢的电子游戏或者喜欢看的动画片，那些有趣的游戏和动画场景、剧情、人物、道具都是由一种叫作"程序"的东西创造出来的。程序的英文是 program，它是由程序员（programmer）编写的。程序就像食谱，想象一下，你想做一块美味的巧克力蛋糕，你需要一个食谱，告诉你每一步该怎么做，从混合面粉到烤蛋糕；程序也是这样，它是一系列的指令，告诉计算机该怎么做事情；计算机很聪明，但它们不知道该怎么做事情，程序会告诉它们。举个例子，如果你想让计算机画一只小猫，程序就会一步步告诉它："先画一个圆圈当头，再画两只耳朵，接着画眼睛、鼻子和嘴巴……"为了写这些指令，我们需要用一种计算机能理解的语言，就像我们用中文或者英语交流。程序员就是那些会用这种"计算机语言"的人，他们写的指令就叫作"代码（code）"。

程序可以做很多的事情，程序可以帮助我们实现很多想法，比如看动画、计算数学题、发送信息、控制机器人，甚至驾驶汽车、高铁和飞机。任何你能想到的用计算机做的事情，背后都有程序在工作。我们再来看一个简单的例子，比如，我们想写一个简单的程序，让计算机在屏幕上显示"你好！"我们使用一个叫 python 的编程语言，这个程序的代码可能看起来像这样：

print(" 你好！ ")

这个代码的意思就是告诉计算机"打印"或者显示出"你好！"这几个字。很简单吧？所以，程序就是一系列告诉计算机该怎么做事情的指令。它们可以做很多有趣和有用的事情，从画图到控制机器人，程序让计算机变得更实用和有趣。

以上就是对于程序的基本解释，程序是代码编程的集合，但凡涉及代码打包生成的应用都可以称为程序。然后我们一起来具体看看什么是算法吧，算法究竟是什么？

　　举个例子，你喜欢玩拼图或者谜题游戏吗？计算机算法就像解决一个拼图问题或者解决一个谜题的方法或步骤。算法（algorithm）它就像地图，想象一下，你和朋友要去一个从来没去过的游乐园；你们需要一张地图，告诉你们怎么从家里到游乐园；这张地图上会有每一步的指示，比如"走到街角，向右转，走到公园，再左转"，这就像算法，每一步都告诉你怎么做，直到你到达目的地。算法也属于程序，是特殊程序，算法告诉计算机具体怎么解决问题。算法就是一套详细的步骤，它们就像是给计算机的"指南"。每一个步骤都是计算机需要做的事情，按照这些步骤，计算机就能解决问题。举一个简单的例子，想象一下，你想找出你所有玩具中最大的那个，你也许会这样做：

1. 从你的玩具堆中拿起第一个玩具。

2. 把它当作"最大的玩具"。

3. 拿起下一个玩具，看看它是否比"最大的玩具"更大。

4. 如果更大，就把它当作"最大的玩具"。

5. 重复步骤 3 和步骤 4，直到检查完所有玩具。

6. 最后，你就找到了"最大的玩具"。

算法是程序员用程序代码（program code）写的，上面这个例子我们换一种玩法，比如，我们有一堆数字，想找出其中最大的一个。这个程序代码可以写成这样：

1. 看第一个数字，把它当作"最大数字"。

2. 看下一个数字，问问自己："这个数字比'最大数字'更大吗？"

3. 如果是，那就把这个数字当作"最大数字"。

4. 重复步骤 2 和步骤 3，直到看完所有数字。

5. 最后，你就找到了最大的数字。

计算机按照这些步骤，就能很快找到最大的数字。这些步骤就是一个简单的算法。它帮助你一步步找到最大的玩具或数字。

计算机用算法还能来做更多事情，比如：

排列名字的顺序；

找到地图上最快的路线；

计算数学题的答案；

- 玩棋盘游戏。

所以，算法就是一套告诉计算机怎么解决问题的步骤。就像你用地图找到游乐园，或者用食谱做美味的蛋糕（做蛋糕是程序，如何做美味的蛋糕就可以加入各种算法，即特殊程序），算法帮助计算机一步步解决问题。计算机算法使其变得聪明，能高效、准确地完成很多任务。

可见，机器人也要学习好多东西，就像我们要去上学一样，这就是所谓的"机器学习（machine learning）"吗？是的，这样的理解很接近了。机器学习是一种让计算机自己学会新东西的技术。听起来很神奇对吧？其实，机器学习就像是给计算机安装了一种"学习能力"，让它能够从数据中找到规律，然后根据这些规律做出决定。你可以把机器学习想象成计算机的大脑通过不断学习变得越来越聪明。

问题拓展：那机器是怎么学会新东西的呢？

这就像我们人类学习新技能一样。我们会通过看、听、尝试、犯错和改正来学会新东西。机器学习也是类似的过程。首先，我们要给机器提供很多很多的数据。这些数据就像是机器

讲给青少年的人工智能

学习的"学习材料"。那具体是怎么做的呢？我们举个例子，如果我们想让计算机学会分辨苹果和橙子，我们需要给它大量的苹果和橙子的图片。然后，计算机会通过算法来分析这些图片，找到苹果和橙子之间的不同之处，比如颜色、形状、纹理等。

其实不难理解，让我们有逻辑地来看一个具体的例子：假设我们要让计算机学会识别不同品种的花朵，我们可以这样做：

1. 收集数据：我们需要收集大量不同品种花朵的图片，比如玫瑰、郁金香、向日葵等。每张图片都要标明花的品种。

2. 训练模型：将这些图片输入计算机，然后使用机器学习算法进行训练。计算机会分析每张图片的特征，比如花瓣的形状、颜色和大小。

3. 调整和优化：训练过程中，计算机会不断调整自己的算法，使得识别的准确率越来越高。每次识别错误，它会调整算法，改进自己的判断能力。

4. 测试模型：训练完成后，我们用一些没有见过的新图片来测试计算机，看它能否准确识别出花朵的品种。

通过这样的训练过程，计算机就能够学会识别不同品种的花朵了。想象一下，未来这种技术可以用在许多有趣的地方，比如在公园里安装一个智能系统，当你用手机拍摄一朵花时，它可以告诉你这是什么花，还可以讲述一些关于这种花的有趣故事。

那你可能会问，那机器学习还能做什么呢？其实，机器学习不仅可以用来识别花朵，还可以应用在很多其他领域。例如，前面我们讲到的自动驾驶汽车，它们通过机器学习来识别路上的障碍物和交通标志，从而做出安全的驾驶决策。医疗领域中，机器学习可以帮助医生分析医学影像，提早发现疾病，提高诊断的准确性。

机器学习就像是给计算机安装了一双"智慧的眼睛"，让它能够通过学习和不断改进，变得越来越聪明，帮助我们解决生活中的各种问题。通过不断地练习和学习，计算机能够像我们一样，不断进步，带给我们更多的便利和惊喜。

## 3 把"人脑"装进机器里?

根据前面的介绍，我们已经初步掌握了程序和算法的概念和例子，还有非常重要的机器学习（machine learning）；那么接下来，我们要郑重介绍另一位"朋友"：深度学习（deep learning），什么是深度学习呢? 区别于传统的机器学习，深度学习又有何特别之处呢?

随着科技的飞速发展，传统的机器学习发展成了深度学习。深度学习是一种比较强大的人工智能技术，可以把它想象成一种强大的机器学习方法，它让计算机能够像人类大脑一样"思考"和"学习"。听起来很神奇对吧? 深度学习确实是 AI 领域的一个重要突破，已经改变了我们人类与技术互动的方式。

我们需要知道，深度学习是怎么工作的：简单来说，深度学习是通过模拟人脑的神经网络来使计算机从大量数据中学习。人类大脑（human brain）是由数十亿个神经元（细胞）组成的，每个神经元都可以和其他神经元连接，形成复杂的网络。深度学习的原理与之类似，它使用人工"神经网络"，这些网络由许多层"神经元（neuron）"组成，每一层都可以处理和传递信息。

这样也许听起来有点复杂，没关系，我们通过具体的例子进行理解。例如，我们想让计算机识别图片中的猫和狗。以前，我们需要手动编写很多规则来教计算机如何区分，比如"猫的耳朵是尖的，狗的耳朵是垂下来的"。这种方法不仅烦琐，而且不够准确。但有了深度学习，我们只需要提供大量标记好的猫和狗的图片，然后让计算机通过"神经网络"进行学习。深度学习算法会自动分析每张图片的特征，比如形状、颜色、纹理等，并找到区分猫和狗的规律。经过训练，计算机就能够准确地识别了。

我们前面稍微提到过类似这样的例子，为了加深大家的认知，一开始的时候，我们也可以把深度学习当作一种特殊的算法来看待。这样看待它，就和前面的概念融会贯通了。

那在深度学习领域，它还有别的应用吗？当然有。我们继续来用自动驾驶汽车来举例。自动驾驶汽车需要识别道路上的各种物体，比如其他车辆、行人、交通标志等。传统的机器学习方法在处理如此复杂的任务时效率很低，但深度学习可以通过"神经网络"高效地分析和理解车载摄像头捕捉到的图像。这里提到的"高效地分析"和"理解"，需要具体的实施步骤，它具体是怎么做的呢？

让我们按步骤来详细解释一下：

1. 首先，数据收集：我们需要收集大量的驾驶数据，包括道路上的各种场景和情况。

2. 然后，训练神经网络：我们将这些数据输入深度学习模型（这是个复杂的模型，它会计算处理不同的路面情况，并最终给出驾驶决策），机器对不同类别的数据进行训练；模型会自动学习如何识别和分类道路上的物体、天气情况等。

3. 训练完成后，进行实时识别：深度学习模型被安装在自动驾驶汽车上。当汽车在路上行驶时，车载摄像头捕捉到的图像会实时输入模型，模型会迅速识别出前方的车辆、行人、交通标志等。

4. 因为经过了大量的学习，实时做出决策：每一种情况其实都有一个最优解了，所以汽车实际行驶在路面上时，基于识别结果，汽车会自动快速预测、做出驾驶决策，比如减速、转向、停车等，确保行车安全。说白了就是多台很强的处理器、多个复杂的算法并行计算，不同情况不同权重，然后大量数据进行加权、处理、传递和输出一个最优解。

虽然大家可能还有很多不懂的地方，但是相信随着本书后面内容的展开，小伙伴们自然就明白啦。在未来，随着深度学习技术的不断发展，我们可以期待更多令人惊叹的应用。现在，在医疗领域，深度学习可以帮助医生分析医学影像，提早发现疾病，提高诊断的准确性，也可以识别一些潜在病症，甚至还能帮助医生做高难度的手术。而在游戏娱乐领域，深度学习可以用来制作更加逼真的虚拟现实游戏，比如：一些公司生产的虚拟现实技术类产品 VR 眼镜，就是这样一个存在。AI 能为我们带来前所未有的游戏体验。

深度学习就像是 AI 的超强大脑，让计算机变得更加聪明。通过模仿人类大脑的学习方式，深度学习帮助计算机处理和分析复杂的数据，解决我们生活中的各种难题。随着这项技术的不断进步，我们的生活也会变得越来越智能和便利。

## 4　人工智能的五官大揭秘

有人会问，人工智能 AI 现在已经能够和我们对答问题，甚至对答如流了，也就是说，AI 有"耳朵"和"嘴巴"，还有"大脑"，那 AI 能像人类一样感知世界吗？它们也能像我们一样有眼睛、鼻子和触感吗？

这是一个好问题。AI 确实能初步感知世界，但方式和人类有些不同。AI 可以通过各种传感器来"看""听""感觉"。这些传感器收集的信息会被传送到 AI 系统中进行处理和分析，让 AI "理解"周围的环境。比如说，人工智能的"鼻子"，是各种各样的传感器，这些传感器可以闻到、检测到气味或化学物质。虽然 AI 的鼻子不像我们的鼻子，但它可以非常灵敏地检测到气味。举个例子：一些机器人可以用传感器来检测空气中的有害气体，这样它们就能提醒人们避开危险的地方。

首先，AI 是怎么"看"的呢？

人工智能的"眼睛"其实是摄像头或者传感器。就像我们用眼睛看世界，AI 用摄像头或传感器来"看"东西。AI 通过摄像头捕捉图像，然后使用计算机视觉技术来分析这些图像。计算机视觉就像是 AI 的"眼睛"，它能识别图像中的物体、场景和活动。比如，AI 可以通过摄像头看到一只猫，并识别出这是一只活泼的小动物。这种能力在我们前面提到的自动驾驶汽车中尤为重要；汽车上的摄像头可以实时捕捉道路上的情况，识别行人、车辆、交通标志等，从而帮助汽车做出安全的驾驶决策。

然后，AI 又是怎么"听"的呢？

AI 可以通过麦克风来捕捉声音，然后使用语音识别技术来分析和理解这些声音。像是语音助手，如我国自主品牌的 Nomi 和理想都是这样工作的。当你对它们说话时，麦克风会捕捉你的声音，然后 AI 系统会将声音转换为文字，再通过"自然语言处理技术（Natural Language Processing，简称 NLP）"来理解你的意思，并做出回应。比如，你对 Nomi 说"Hi Nomi，今天天气怎么样？"Nomi 会听懂你的问题，并告诉你今天的天气情况。

那 AI 还能"感觉"吗？

可以做到。AI 可以通过触觉传感器来感知物体的形状、质地和温度等信息。这种技术在机器人领域应用广泛。比如，有些机器人手臂装有触觉传感器，它们能够感觉到物体的硬度和温度，从而更好地完成抓取和操作任务。

接下来，我们用一个详细的例子来具体说说。AI 在帮助盲人感知世界方面的应用：经常留意全球科技新闻的人不难发现，现在已经在研究一种智能眼镜，它通过摄像头和麦克风来"看"和"听"，并通过语音输出向盲人描述周围的环境，而且这类研究已经有了初步的成果和产品雏形。这种眼镜可以帮助盲人更好地导航和理解周围的世界。这个智能眼镜可以是这样运行的：

1. 看：智能眼镜上的摄像头可以捕捉周围的图像，并通过计算机视觉技术识别物体和场景。比如，当盲人在街上行走时，眼镜可以识别出前方有一棵树、一辆车或一个行人。

2. 听：眼镜上的麦克风可以捕捉环境中的声音，比如车声、人的说话声等。AI 系统可以分析这些声音，提供有用的信息给盲人。

3. 反馈：眼镜通过语音输出将信息传达给盲人。比如，AI

可以说："前方三米有一棵树，请稍微向右走。"或者，"前面有一辆车正在靠近，请注意。"

这种智能眼镜不仅可以帮助盲人安全行走，还可以提升他们的生活质量。例如，在超市购物时，智能眼镜可以帮助盲人找到需要的商品，并告诉他们商品的信息和价格。在家中，眼镜可以帮助盲人识别家电设备，并指导他们如何操作。

虽然目前 AI 还不能做到完完全全地像人类一样感知世界，但它已经能够通过各种传感器和技术来"看""听"和"感觉"，从而帮助我们更好地理解和感知这个世界。随着技术的不断进步，未来的 AI 将变得更加聪明和灵敏，带给我们更多惊喜和便利。

知识拓展：机器人手臂是怎么感觉到物体的硬度和温度的？

想象一下你用手去抓一颗苹果。你能感觉到苹果的硬度和温度，对吧？机器人手臂也能做到这一点，但它用的是一些特殊的工具。

机器人的"皮肤"：机器人手臂上有一种叫作"传感器"（第二章第 2 节知识拓展部分有更详细解释）的东西，这些传感器就像机器人的"皮肤"。它们帮助机器人感知外界的物体。

1. 感觉硬度

当机器人手臂抓住一个物体时，它需要知道这个物体是硬的还是软的，这样它才能用适当的力量去抓取。机器人手臂上有力传感器。这些传感器可以感知到机器人手臂在抓取物体时施加的力量。如果物体很硬，传感器会感觉到很大的反作用力。如果物体很软，传感器感觉到的力会比较小。例如：想象你在捏一个橡皮球和一个玻璃球。捏橡皮球时，你感觉到它是软的，你需要用的力很小。而捏玻璃球时，它是硬的，你需要用更多的力。力传感器就能感觉到这种不同的力。

2. 感觉温度

机器人手臂也能感觉到物体的温度，这样它就知道物体是冷的还是热的。机器人手臂上有温度传感器。这些传感器能感知到物体的温度。当机器人手臂触碰到一个物体时，温度传感器会立刻测量物体的温度并传回给机器人控制系统。例如：想象你用手碰一个冰块和一杯热水。你的手能立刻感觉到冰块很冷，热水很热。温度传感器就是机器人的"温度手"，它能告诉机器人物体是冷的还是热的。

3. 抓取和操作任务

当机器人手臂知道了物体的硬度和温度后，它就能更好地完成抓取和操作任务。比如：A.抓取软物体：如果机器人手臂感觉到一个物体很软，它就会轻轻地抓住它，避免用力过大把它捏坏。B.抓取硬物体：如果机器人手臂感觉到一个物体很硬，它会用更多的力来抓住它，这样才能稳稳地拿住。C.处理温度敏感的物体：如果机器人手臂感觉到一个物体很热，它就会小心翼翼地处理，避免自己"烫伤"或者损坏物体。如果物体很冷，它也会调整操作方式，防止"冻伤"。

所以，机器人手臂上的力传感器和温度传感器就像它的"皮肤"，帮助它感觉到物体的硬度和温度。通过这些传感器，机器人手臂就能知道该用多大的力抓取物体，以及物体是冷的还是热的。这样，它就能更加精准和安全地完成各种任务。

## 5　AI 有神经？人工神经网络

小伙伴们都知道我们人脑就是由神经组成的，人工神经网络就是一种模仿人类大脑工作方式的人工智能技术；它们通过许多"人工神经元"（人工神经元的解释详见本节"知识拓展"）的连接来处理信息，就像我们的大脑通过神经元来处理信息一样。

那么，神经网络是怎么工作的呢？

神经网络由许多"神经元"组成，每个神经元接收来自其他神经元的信号，并根据这些信号计算出一个输出信号，然后将这个输出信号传递给其他神经元。这就像接力赛一样，每个人传递接力棒，通过这种方式，神经网络可以处理信息。

事实上理解这个并不复杂，接下来我们用一个更简单的实例帮助大家来理解人工神经网络：想象一下，你在做拼图游戏。每块拼图就是一个神经元，你需要把所有的拼图块连接在一起，才能看到完整的图形。神经网络也是这样，通过连接许多神经元来"拼凑"出问题的解决方案。

那神经网络是怎么学习的呢？神经网络的学习过程类似于人类学习。它通过不断接收输入数据和输出数据，调整神经元之间的"连接权重"，使得输出数据更接近实际数据。这种学习方式叫作"监督学习"。比如，你在学骑自行车时，不断尝试、摔倒、再尝试，最终学会。神经网络也是如此，通过不断调整和优化，变得越来越聪明。

那么神经网络能具体用来做什么呢？

其实神经网络已经应用在很多方面了，比如，它可以通过学习大量图像数据识别图像中的物体。这就像你在一堆照片中找到你的宠物狗一样，神经网络通过分析，能够识别出需要找的狗。再比如，神经网络可以用来诊断疾病，帮助医生发现问题，就像医生通过检查报告来找出病因一样。

人工神经网络不仅强大，而且十分有趣。我们不禁畅想，那未来人工神经网络还能做什么、能发挥多大的作用？

在未来，神经网络会有更多应用。比如，它可以帮助智能机器人执行复杂任务，比如在工厂里组装汽车，或者在服装工厂帮助裁剪面料、制作衣服；它还可以帮助交通系统实现智能化管理,提高交通效率,减少拥堵,甚至在教育领域,神经网络可以根据每个学生的学习情况,提供个性化的学习建议,让学习更高效。

神经网络技术目前仍旧处于技术前沿。随着技术的不断发展,神经网络会带来更多的惊喜和便利。

知识拓展:人工神经元

大家知道我们的大脑是由很多小小的神经元组成的,这些神经元帮助我们思考、感觉和做各种事情。就像我们大脑里的神经元有特定的部分一样,人工神经元也有三个主要部分:输入、处理和输出。我们来看看每一部分是怎么工作的。

人工神经元的三部分:

1. 输入(Input)。输入就像神经元的耳朵,它"听"到外界的信息。在人工神经元里,输入接收的是一些数字或数据。这些数据可以是图片的一部分、声音的一部分,或者其他任何信息。想象一下,你在听一首歌,耳朵听到的是声音数据，对人工神经元来说，它的输入部分接收到的就是类似的信息。

2. 处理（Processing）。处理部分是人工神经元的大脑。它用一个叫作激活函数的东西来处理输入的信息。这个过程就像我们大脑在处理听到的声音一样。例如：当你听到一首歌时，你的大脑会告诉你这是一首你喜欢的歌，人工神经元的处理部分也会根据输入的数据进行判断和处理。

3. 输出（Output）。输出就像神经元的嘴巴，它会根据处理结果给出一个答案或者决定。在人工神经元中，输出也是一些数字或数据，这些数据会被传递到下一个神经元。例如：当你决定唱一首歌时，你的大脑发出信号，让你开口唱歌。对人工神经元来说，输出部分把处理后的信息传递给下一个神经元，继续处理或者做出决定。

这些人工神经元可以一个接一个地连接起来，形成一个叫作神经网络的东西。神经网络就像一群合作的小伙伴，每个伙伴都有自己的任务，通过合作完成一个大任务。例如：想象你和朋友们一起拼一幅大拼图，每个人负责拼一小块，最后拼出完整的图案。

　　所以，人工神经元是由输入、处理和输出三部分组成。输入部分接收信息，处理部分用激活函数处理信息，输出部分把处理后的信息传递出去。许多这样的人工神经元连接在一起，就能形成一个神经网络，帮助计算机完成复杂的任务，如识别图片、理解语言等。

## 6　编程：AI 的超级制服

我们前面提到程序员（programmer），程序员能编写程序代码（program code），那大家是否有想过一个最基本的问题：为什么计算机需要编程才能运行？我们来继续探索。

计算机需要编程才能运行，就像我们需要书本来学习知识。编程是告诉计算机该做什么的方式。计算机不会自己思考，需要我们给它指令，让它知道该如何完成任务。这些指令就是通过编程写出来的代码。

所以，编程（编写代码）是怎么回事呢？

编程就像是在写一封给计算机的详细信，信里面告诉它每一步该做什么。编程语言是写这封信的特殊语言，比如 Python、JavaScript 和 C++ 等。不同的编程语言有不同的语法，就像英语和中文有不同的语法一样。编程的过程包括几个步骤：

1. 首先，定义问题：我们要明确需要让计算机做什么。比如，我们要让计算机画一只猫。

2. 接下来，设计解决方案：我们要想出解决这个问题的方

讲给青少年的人工智能

法。画一只猫需要哪些步骤？可能需要画出猫的头、身体、四肢和尾巴。

然后，编写代码：我们用编程语言写出这些步骤的代码，每一行代码都是一个指令，告诉计算机该做什么。

写完代码后，调试和测试：我们要运行它，看看是否有错误。如果有，我们需要找出错误并修正。

最后，优化代码：我们可以优化代码，让它运行得更快、更高效。

为了加深理解，我们来举个例子：假设你想教计算机做一个简单的数学游戏，让它和你一起玩"猜数字"的游戏。游戏规则是你想到一个 1 到 100 之间的数字，然后计算机来猜。你会告诉它每次猜的数字是"大了"还是"小了"，直到它猜对为止。

1. 定义问题：让计算机猜一个 1 到 100 之间的数字。

2. 设计解决方案：每次计算机猜一个数字，你告诉它这个数字是"大了"还是"小了"，直到它猜对。

编写代码：代码可能看起来像这样（此处用 Python 语言）：

```python
import random


def guess_number():
    low = 1
    high = 100
    attempts = 0
    while True:
        guess = random.randint(low, high)
        attempts += 1
        print(f" 计算机猜的数字是：{guess}")
        feedback = input(" 如果猜大了输入 'H', 猜小了输入 'L',
猜对了输入 'C': ")
        if feedback == 'C':
            print(f" 计算机猜对了！一共用了 {attempts} 次 ")
            break
        elif feedback == 'H':
```

```
        high = guess − 1

elif feedback == 'L':

        low = guess + 1


guess_number()
```

调试和测试：运行这段代码，看看有没有错误。如果计算机没有按照预期的方式猜数字，我们就需要检查代码，找到并修正错误。

优化代码：代码运行正常后，我们可以尝试改进它，让游戏更有趣，比如增加一些鼓励或赞美的话语。

这段代码，你们可以在结束阅读本章后，自己尝试运行哦。我们接下来看另外一些问题，那编程这个东西，它还有什么用呢？

通过编程，我们可以设计游戏、创作音乐，甚至建造智能家居。比如，你可以编写一个程序来控制家中的灯光和温度，让你的家变得更舒适。或者，你可以编写一个程序来自动整理你的照片，让你更容易找到想看的照片。

　　未来，我们还可以编写更复杂的程序，让计算机帮我们解决更多问题。这就是为什么编程如此重要和有趣，因为它让计算机变得更加智能，能够更好地服务于我们的生活。

## 7 人工智能比你更懂你？

很多小伙伴可能会疑问，人工智能真的能读懂我们的情感吗？虽然听起来有点像科幻电影，但人工智能真的在不断学习如何读懂我们的情感。而且，在某些情况下，它已经能够做到。

那它是怎么"感觉"到我们的情感的呢？

AI 是通过分析我们的语言、声音、面部表情等信息来判断我们的情感状态的。比如，当我们说话时，语音识别技术可以分析我们的语调、语速、语气等，从而判断我们是高兴、难过还是生气。那它还有其他方法吗？当然有，当我们看电影或听音乐时，情感识别技术可以分析我们的脑电波、心率等生理信号，来判断我们的情感反应。它具体是怎么做到的呢？

人工智能通过分析大量的数据和模式来识别情感信息。例如，通过分析大量的语音数据和对应的情感标签，AI 可以学习到不同语音特征与不同情感之间的关系，从而识别出不同情感状态下的语音信号。这种学习方式就是我们前面提到的"机器学习"。通过机器学习，AI 可以逐渐提高情感识别的准确性和效率。

你们发现没有，我们把前面的知识关联起来了，机器在学习方面，真的可以很强大。举个例子，当 AI 听到你说话时，它会分析你的语调、速度和语气。如果你语调很高，速度很快，AI 可能会判断你很兴奋。如果你的语调低沉，速度慢，AI 可能会认为你有点难过。通过不断学习和调整，AI 会变得越来越聪明。

未来，AI 可以在很多方面帮助我们更好地理解和处理情感信息。例如，AI 可以帮助自闭症儿童识别和理解他人的情感，帮助他们更好地融入社会。还有，AI 可以帮助老年人识别和处理情感信息，帮助他们保持心理健康。

未来，AI 可能会成为我们生活中重要的情感助手。比如，AI 可以在你感到难过时，给你讲个笑话或者播放你喜欢的音乐来安慰你；在你感到开心时，它可以和你一起分享快乐的时刻。

总的来说，AI 正在不断学习如何读懂我们的情感，并且在某些情况下，它已经能做到了。随着技术的不断进步，我们可以期待 AI 为我们的生活带来更多的便利和惊喜。

## 8 你有十万问，它有千万答

　　人工智能不仅能帮我们解答问题，还能帮助我们发现新的科学知识。

　　那人工智能它自己是怎么帮助我们发现科学知识的呢？

　　要理解这一点，我们先要了解一下科学研究的过程。科学研究通常包括几个步骤：观察、假设、实验和验证。人工智能在这些步骤中可以发挥重要作用。首先，人工智能可以通过分析大量的数据，发现数据之间的模式和规律。举个例子，科学家可以利用人工智能来分析天文观测数据，发现新的星系或行星；或者利用人工智能来分析生物学数据，发现新的基因或蛋白质。

　　这样听起来好有趣，那具体是怎么做到的呢？我们一起来看看和思考一下吧，比如，在天文学中，科学家需要分析大量的星空数据。以前，这个过程非常耗时费力，但现在有了人工智能，计算机可以快速分析这些数据，发现那些我们肉眼无法看到的星系和行星。通过这种方式，科学家能够更快地发现宇宙中的新天体。

除了以上提到的例子，人工智能还能做什么呢？

人工智能还可以帮助科学家设计实验和进行模拟。比如，科学家想研究地震的规律，可以用人工智能来模拟地震的过程。通过这种模拟，科学家可以更好地理解地震的发生和传播规律，从而提高地震预警的准确性和防灾减灾的能力。

科学家可以利用人工智能模拟气候变化，预测未来的气候趋势。这对于应对全球变暖和气候变化非常重要。人工智能可以帮助我们制定更科学的应对策略，保护我们的地球。

相信在不远的未来，人工智能在科学研究中也能更好地辅助人类。未来，随着人工智能技术的发展，它在科学研究中的应用会更加广泛。比如，人工智能可以帮助科学家发现新的药物或材料，加快科学研究的进程。科学家可以利用人工智能分析化学反应数据，寻找新的药物分子，从而研发出治疗各种疾病的新药物。

人工智能还可以帮助科学家理解宇宙的起源和结构，揭示宇宙的奥秘。比如，科学家可以利用人工智能分析宇宙射线和引力波的数据，探索黑洞和暗物质的秘密。这些研究可以帮助我们更好地理解宇宙的形成和演化。

　　人工智能在科学研究中的应用有着巨大的潜力，可以帮助我们更快地发现新的科学知识，推动科学研究向前发展。想象一下，未来的科学家可能会和人工智能一起工作，解决更多我们现在无法想象的难题，探索更多未知的领域。

二

# AI 与生活

科技小精灵，快请进家门

万能管家，智能家居趣生活

智能穿戴，实时监测超酷炫

汽车自驾行

未来课堂：智慧小助手来啦

你的灯会自开自关吗？

智能语音助手秒懂你的需求

AI环保小助手

保护濒危动物，AI来帮忙

帮助解决全球性问题，世界更美好

표준운전

1 科技小精灵，快请进家门

现代日常生活中，我们已经随处可见智能助手的身影，无论是在家、在学校、在商场，还是在写字楼，都可能有智能助手在协助我们人类从事一些活动。那么，什么是智能助手呢？

智能助手是一种非常聪明的计算机程序，它能够听懂我们的语言，理解我们的需求，并帮助我们完成各种任务。你可以把它想象成一个聪明的机器人朋友，它总是在你需要的时候帮助你。智能助手可以通过手机、智能音箱、电脑等设备来与你互动。

智能助手是怎么工作的呢？

智能助手的工作原理是通过人工智能和机器学习技术来理解和回应我们的请求。它们通常使用"语音识别"技术来听懂我们说的话，然后通过"自然语言处理技术"来理解我们说的内容。接着，它们会根据理解的内容做出相应的回应或者执行指令。

举个例子，我们日常生活中用到的手机里面有的会植入了

讲给青少年的人工智能

一些智能助手程序，比如你问它："湖南长沙有哪些好玩的地方？"它会给你按热度进行由高到低的排序推荐：

1. 五一广场；

2. 橘子洲头；

3. 文和友；

4. 岳麓山；

5. ……

像是小爱同学、Siri、Google Assistant、Alexa 和 Cortana 都是很常见的智能助手，大家感兴趣可以上网详查。它们都可以帮你查天气、设定闹钟、播放音乐、发送消息，甚至控制家中的智能设备。

想象一下，如果你家里有一个智能助手，它可以为你做很多事情。比如说，早上，当你醒来的时候，你可以对它说："早上好，小爱同学，今天的天气怎么样？"它会告诉你今天的天气情况，让你知道是否需要带雨伞或者穿暖和的衣服。当你在准备早餐时，你可以对智能助手说："你好，播放我的早晨音乐。"智能助手会立刻播放你最喜欢的早晨音乐，为你营造一个愉快

的氛围。如果你突发灵感想知道一些有趣的知识，比如"鲸
鱼的平均寿命是多少"，你可以问智能助手，它会快速地给你
答案。

　　智能助手不仅可用于日常生活中，还可以帮助我们在学习
和工作中提高效率。例如，假设你正在写一篇关于太空探险的
作文，你可以对智能助手说："你好，帮我查一下关于火星探测
器的信息。"智能助手会立刻在网上搜索相关信息，并为你提供
有用的资料。

　　那智能助手还能做什么呢？智能助手还可以控制家中的智
能设备。比如，你可以对智能助手说："你好，调暗客厅的灯
光。"它会自动调节灯光的亮度，帮你创造一个舒适的环境。如
果你家里有智能温控器，你可以对智能助手说："你好，把温度
调高两度。"智能助手会立即调整温度，让你感觉更舒适。

　　未来，智能助手会变得更聪明吗？

　　让我们来看一个未来可能的应用场景：假设你家里有一个
更高级的智能助手，它不仅能够听懂你的指令，还能主动帮你
安排和计划一天的活动。早上，当你醒来时，智能助手会提醒

你今天有哪些重要的事情要做，比如上学、参加课外活动，或者去看医生。它会根据你的日程自动安排最合适的时间，并提醒你准备好所需要的东西。具体能做些什么呢？比如，如果今天你有一场足球比赛，智能助手会在早上提醒你带上足球鞋和水瓶。比赛结束后，它会建议你休息和放松，还会播放一些舒缓的音乐帮助你放松。如果你晚上还有家庭作业需要完成，智能助手会帮你安排一个最佳的时间段，并提供学习资料和建议，帮助你高效地完成作业。

　　智能助手就像一个贴心的朋友，帮助你解决生活中的各种问题。它们不仅能提高我们的生活质量，还能帮助我们更好地管理时间、提高效率。未来，随着技术的不断进步，智能助手将会变得更加智能，为我们的生活带来更多便利和惊喜。

**知识拓展：自然语言处理技术**

　　自然语言处理（NLP）是人工智能（AI）的一部分，它使计算机能够理解、解释和产生我们人类使用的语言。比如，当你和语音助手说话时，它们能够听懂你的话并给你回复，这就是 NLP 的功劳。

自然语言处理很重要，因为它让计算机能够和我们用我们习惯的语言交流。

自然语言处理的原理：

自然语言处理的原理可以分成两个主要部分。

语言的理解：计算机需要理解你说的话是什么意思。就像我们在学习一门新语言时需要知道每个单词的意思和用法。

语言的生成：计算机能用自然的方式回答你。比如，当你问它天气怎么样时，它能自然地说"今天是晴天，温度在 25 度左右"。

自然语言处理（NLP）有几个重要的技术要点：

1. 分词：就是把一句话分成一个个单词。比如"我爱吃苹果"，分词后就是"我""爱""吃""苹果"。

2. 词性标注：就是给每个单词贴上标签，比如名词、动词、形容词等。这样计算机就知道每个单词在句子里的角色。

3. 句法分析：就是分析句子的结构，知道哪些单词是主语，哪些是谓语，哪些是宾语。

4. 语义分析：就是理解句子的意思。比如"苹果是红色的"和"红色的是苹果"，虽然结构不同，但意思是一样的。

5. 情感分析：就是判断一句话的情感，比如这句话是高兴的、悲伤的还是生气的。

让我们来看看自然语言处理的执行步骤：

1. 输入处理：你对计算机说话或打字，比如你说"今天的天气怎么样？"

2. 语音识别（如果是语音输入）：如果你对计算机说话，计算机会先把你的语音转换成文字。比如把"今天的天气怎么样？"转成文字。

3. 分词：计算机会把你的这句话分成一个个单词："今天""的""天气""怎么样"。

4. 词性标注：接下来，计算机会给每个单词标上它的词性，比如名词、动词、形容词等。这样，它就知道"今天"是时间名词，"天气"是名词，"怎么样"是疑问词。

5. 句法分析：计算机会分析这句话的结构，知道"今天的天气"是主语，"怎么样"是谓语部分。

6. 语义分析：计算机会理解这句话的意思：你在问今天的天气情况。

7. 信息检索：计算机会去查找天气信息，找到答案。

8. 语言生成：计算机会把找到的信息转换成一句自然的回答，比如"今天是晴天，温度在 25 度左右"。

9. 输出处理：计算机会把生成的回答告诉你，如果是语音输入，还会用语音回答你。

让我们用一个具体的例子来看看 NLP 的整个过程：

——假设你问语音助手："明天我需要带伞吗？"

——输入处理：语音助手听到了你的问题："明天我需要带伞吗？"

——语音识别：语音助手把你的语音转换成文字："明天我需要带伞吗？"

——分词：语音助手把这句话分成单词："明天""我""需要""带""伞""吗"。

——词性标注：语音助手给每个单词贴上标签："明天（时间名词）""我（代词）""需要（动词）""带（动词）""伞（名词）""吗（疑问词）"。

——句法分析：语音助手分析句子结构，知道你在问明天是否需要带伞。

——语义分析：语音助手理解你问的是明天是否会下雨。

——信息检索：语音助手查找明天的天气预报，发现明天会下雨。

——语言生成：语音助手生成回答："明天会下雨，你需要带伞。"

——输出处理：助手用语音回答你："明天会下雨，你需要带伞。"

未来，自然语言处理技术会越来越先进。我们可能会看到更加智能的对话机器人，它们不仅能回答问题，还能进行复杂的对话和任务处理。例如，它们可以帮你计划旅行、安排日程，甚至能和你讨论各种话题，像一个朋友一样陪伴你。

　　总的来说，自然语言处理技术让计算机能够理解和使用人类的语言，给我们的生活带来了很多便利和乐趣。通过学习和应用这些技术，我们可以更好地与智能设备交流，享受科技带来的便利。希望你们对自然语言处理有了更清楚的了解，也希望未来你们能和这些智能助手一起探索世界，创造美好的生活。

## 2 万能管家，智能家居趣生活

　　智能家居系统就像是一个能听懂你说话的小精灵，它可以帮助你控制家里的电器、提高居家安全、节省能源等。让我们一起来看看它们是如何做到的吧。

　　智能家居系统通常配备了智能插座和智能开关，可以通过无线网络和手机应用来控制。你可以用手机应用远程控制家里的灯、空调、电视等电器，无论你在家还是外出都可以轻松操控。比如，你在回家的路上就可以用手机打开空调，让家里变得凉爽。

　　那智能家居系统是怎么提高居家安全的呢？

　　智能家居系统配备了智能摄像头和传感器，可以实时监控家中的情况，并给你的手机发送警报消息。比如，如果有人闯入你的家，智能家居系统会立即发出警报，并录下入侵者的画面，帮助你保护家人和财产安全。你可以在手机上查看家中的实时视频，随时随地了解自己家中的情况。

　　智能家居系统可以通过自动调节家中的照明和温度来节约

能源。比如，当你离开家时，系统会自动关闭灯光和空调；当你回到家时，系统会自动开启，让你感到舒适又便利。

智能家居系统还可以帮你管理家庭日程，提醒你重要的事情。比如，它可以提醒你什么时候该做作业、什么时候该去参加课外活动。它们还可以帮你订购生活用品和食物。你可以对智能家居系统说："你好，帮我订购一瓶牛奶。"它就会自动为你下单。

那么，智能家居系统能跟我们对话交流吗？

智能家居系统可以与你对话，回答你的问题和提供娱乐。比如，你可以问它今天的天气，它会告诉你是否需要带伞。你也可以让它讲故事、播放音乐或者做简单的游戏。

未来，智能家居系统会变得更智能吗？

智能家居系统经过迭代更新，可能会有更多的应用。比如，它们可以与智能车辆配合，实现智能停车和充电；它们可以与医疗设备连接，帮助监测家人的健康状况；它们还可以与社交网络整合，帮助你与朋友和家人保持联系。

不仅如此，我们可以想象得到，未来还会有更多有趣的应用。未来的智能家居系统甚至可能会帮你照顾宠物。比如，当你不在家时，系统可以自动喂养宠物、监控宠物的活动，确保它们的安全和健康。此外，智能家居系统还可以通过学习你的习惯，提供个性化的服务。比如，它可以根据你的作息时间，自动调节灯光和温度，确保你有一个舒适的生活环境。

虽然还在不断发展和完善中，但可以期待未来智能家居系统为我们的生活带来更多便利和惊喜。

### 知识拓展：传感器

什么是传感器呢？它就像是机器和机器人的"感觉器官"。我们有眼睛可以看，耳朵可以听，皮肤可以感觉冷热，传感器也能让机器有类似的"感觉"。

传感器是一种装置，它可以感知外界的各种信息，然后把这些信息变成机器能理解的信号。比如，你的手机有一个摄像头，它其实就是一种传感器，可以"看"到外面的景象，并把这些景象变成数字信号存储起来。再比如，你家里的温度计也有传感器，可以"感觉"到温度的变化，

讲给青少年的人工智能

然后显示出来。

传感器的工作原理:

　　传感器的工作原理其实并不复杂。传感器就像我们身体的感觉器官一样,它能够探测到外界的各种变化,比如温度、光线、声音、压力等,然后把这些变化转换成电信号,传给机器的大脑(计算机)进行处理。举个简单的例子,想象一下,你手上有一个温度传感器,当你用手触摸它的时候,它可以感觉到你的手是冷的还是热的,然后通过电信号把这个温度信息告诉机器,机器就知道现在的温度是多少了。

传感器的类型:

　　1. 温度传感器:可以测量温度的变化,比如家里的空调、冰箱都会用到它。

　　2. 光传感器:测量光线的强弱,比如手机的自动亮度调节功能。

3. 声音传感器：可以检测声音的大小，比如智能音箱，它们能听到你的语音指令。

4. 压力传感器：测量压力的大小，比如气压计，用来预测天气。

5. 湿度传感器：测量空气中的湿度，比如用在天气预报和农业上。

传感器的工作步骤：

1. 感知：传感器首先要"感觉"到环境中的变化。比如温度传感器要感觉到温度的变化，光传感器要感觉到光线的变化。

2. 转换：传感器把感知到的信息转换成电信号。就像你把听到的声音转换成你能理解的语言一样，传感器也需要把它感觉到的变化转换成机器能理解的信号。

3. 传输：转换后的电信号会被传输到机器的大脑（通常是一个计算机的处理单元）。

4. 处理：机器的大脑会接收到这些信号，然后进行处理，做出相应的反应。比如，温度传感器告诉机器温度很高，机器就会启动冷却系统。

5. 反馈：最后，机器会把处理后的结果显示出来，或者执行一些动作。比如温度传感器告诉空调现在温度很高，空调就会启动制冷功能。

传感器的应用：

1. 智能手机：你的手机有很多传感器，比如加速度传感器，可以检测手机的运动；光传感器，可以自动调节屏幕亮度；麦克风也是一种传感器，可以接收声音。

2. 汽车：现代汽车中有很多传感器，比如温度传感器，可以检测发动机的温度；雷达传感器，可以帮助你在停车时检测障碍物；还有胎压传感器，可以检测轮胎的压力。

3. 智能家居：家里的很多智能设备也都用到了传感器。比如智能门铃有摄像头，可以看到外面的人；智能恒温器有温度传感器，可以自动调节家里的温度；智能灯泡有光传感器，可以根据外面的光线自动调节亮度。

4. 医疗设备：在医院里，传感器也起着非常重要的作用。比如心电图机有电生理传感器，可以检测心脏的电活动；血糖仪有生物传感器，可以检测血糖水平。

5. 环境监测：传感器可以帮助监测环境，比如空气质量传感器可以检测空气中的污染物；水质传感器可以检测水中的有害物质；天气站有各种传感器，可以预测天气变化。

传感器是我们现代生活中非常重要的一部分。它们帮助机器感知世界，做出反应，让我们的生活变得更加便捷和智能。通过传感器，机器可以像我们一样"看""听""感觉"到周围的环境，然后做出相应的反应。未来，随着科技的不断进步，传感器的应用将会越来越广泛，为我们的生活带来更多的不可思议。

## 3  智能穿戴，实时监测超酷炫

智能穿戴设备是一种可以佩戴在身体上的智能设备，可以帮助我们在日常生活中做很多有趣的事情。比如，智能手表、智能眼镜和智能手环等。它们可以连接到我们的手机，让我们可以随时随地获取信息和控制设备。

这些设备能做什么呢？

首先，智能穿戴设备可以帮助我们监测健康状况。它们可以测量我们的心率、步数、睡眠质量等数据，并通过手机应用分析这些数据，提供健康建议。比如，如果你坐得时间过长，智能手环可能会提醒你起来活动一下，保持健康。

听起来很有用对吧，那它还有什么功能呢？

智能穿戴设备可以帮助我们提高工作效率。比如，智能手表可以接收手机的消息通知，让我们无须拿出手机就能查看信息。

还有智能眼镜，智能眼镜则可以将信息直接显示在我们眼前，让我们在工作时更加方便快捷。

它们还能帮我们做什么？

智能穿戴设备还可以帮助我们更好地管理时间。它们可以设置闹钟、提醒日程安排，让我们不会忘记重要的事情。比如，你可以设置一个提醒，让智能手表在你该喝水的时候提醒你，帮助你保持健康。

未来的智能穿戴设备会变得更智能吗？

未来，随着智能穿戴设备技术的发展，它们将会变得更加智能和多功能。比如，未来的智能眼镜可能会集成增强现实技术，让我们可以在眼前看到虚拟的信息和场景，提供更加丰富的体验。

除此之外，还会有更多其他意想不到的未来应用。

未来的智能穿戴设备可能会有很多有趣的应用。比如，智能手环可以检测到你的情绪，帮助提醒你保持良好的心情。当你感受到有压力时，手环会建议你做一些放松的活动，比如深呼吸或听音乐。智能手表可能会有更多的健康监测功能，比如监测血糖水平和血压，帮助你更好地管理健康。

在运动中，智能穿戴设备可以提供很多帮助。比如，智能手表可以记录你的跑步路线、速度和心率，帮助你优化训练计划。智能运动耳机可以实时监测你的运动状态，并提供语音指导，帮助你提高运动表现。不仅如此，智能穿戴设备还可以帮助你学习。比如，智能眼镜可以在你学习的时候提供实时的翻译功能，帮助你理解外文资料。智能手表可以提醒你按时完成作业，并提供学习小贴士，帮助你更高效地学习。

总的来说，智能穿戴设备为我们的生活带来了很多便利和乐趣，但同时也需要我们保护好个人隐私和数据安全，确保设备的正确使用。我们可以期待智能穿戴设备在未来为我们的生活带来更多的创新和便利。

### 知识拓展：增强现实技术

增强现实技术（Augmented Reality，简称AR），增强现实技术就是把虚拟的东西加到现实世界中，让我们看到的不仅是眼前的真实物体，还能看到一些虚拟的图片、动画、信息等。就像你戴上一副神奇的眼镜，能看到平时看不到的东西一样。

增强现实技术的原理：

　　增强现实技术的原理其实并不难理解。它主要通过摄像头和计算机的力量，把虚拟的图像叠加到你看到的真实世界中。就像你在看一部电影时，电影中的人物和场景都出现在你的眼前，但实际上它们并不存在一样。

　　具体来说，增强现实技术有几个重要的部分：

　　1. 摄像头：摄像头负责捕捉你周围的环境，把这些画面传输给计算机。

　　2. 计算机：计算机会处理这些画面，找到合适的位置，把虚拟的图像叠加上去。

　　3. 显示设备：最后，这些增强后的画面会通过显示设备（比如手机屏幕、平板电脑、AR 眼镜）展示给你看。

增强现实技术的工作步骤：

　　1. 捕捉环境：首先，摄像头会捕捉你周围的环境，比如你站在公园里，摄像头会把公园的画面传输给计算机。

2. 识别环境：接下来，计算机会分析这些画面，识别出环境中的物体和位置，比如树、草地、长椅等。

3. 叠加虚拟图像：然后，计算机会在合适的位置上叠加虚拟图像。比如，你的手机屏幕上可能会出现一只在草地上跳舞的卡通兔子。

4. 显示增强后的画面：最后，这些增强后的画面会通过显示设备展示给你看。你通过手机屏幕或 AR 眼镜看到的不仅仅是公园，还有那只可爱的卡通兔子。

增强现实技术在很多地方都有应用。

游戏：玩过 3D 虚拟世界类型游戏的人应该有体会，游戏会利用增强现实技术，让玩家在现实世界中捕捉虚拟宠物之类的对象。在手机屏幕上看到的不仅是公园、街道，还有各种各样的宠物在你周围出现，增加了游戏的趣味性。

教育：增强现实技术也可以应用在教育中。比如，通过 AR 技术，孩子们可以看到立体的恐龙模型，甚至可以看到恐龙在教室里走动。这种互动式的学习方式让学习变得更加生动有趣。

导航：当你迷路时，增强现实技术可以帮助你找到正确的方向。你只需要打开导航 App，手机屏幕上就会显示出一条虚拟的箭头，指引你前进的方向。

购物：增强现实技术也可以应用在购物中。比如，你想买一件衣服，可以通过 AR 技术在手机上试穿，看看这件衣服穿在你身上的效果。这样你就可以更好地选择适合自己的衣服了。

建筑设计：建筑师可以利用增强现实技术来设计房屋。他们可以在真实的环境中看到虚拟的建筑模型，调整设计，确保最终的效果更加完美。

增强现实技术的未来：

随着科技的不断发展，增强现实技术将会越来越普及，应用的领域也会越来越广泛。未来，我们可能会看到更多神奇的应用。

虚拟博物馆：你可以在家里参观世界各地的博物馆，通过增强现实技术看到那些珍贵的文物和艺术品，就像亲临一般。

　　社交：你和朋友聊天时，可以通过增强现实技术看到他们的虚拟形象，就像他们真的在你身边一样。

　　增强现实技术可以将虚拟的东西叠加到现实世界中，让我们看到更多有趣和有用的内容。通过摄像头、计算机和显示设备的配合，增强现实技术让我们的生活变得更加丰富多彩。

## 4 汽车自驾行

　　自动驾驶汽车使用了许多先进的传感器，比如激光雷达、摄像头、雷达和超声波传感器等。这些传感器可以帮助汽车获取周围环境的信息，比如道路、车辆、行人等。

　　激光雷达是什么？激光雷达是自动驾驶汽车中最重要的传感器之一。它可以发射激光束，并通过测量激光束反射回来的时间和强度来获取周围环境的三维信息。这样，汽车就可以知道周围有什么物体，以及它们的位置和距离。就像你在黑暗中用手电筒照亮前方，激光雷达通过"照亮"环境来"看"东西。

　　那摄像头呢？摄像头也是自动驾驶汽车中非常重要的传感器之一。它可以拍摄周围环境的图像，并通过计算机视觉技术来识别道路标志、交通信号灯、行人等重要的信息。这样，汽车就可以根据这些信息来做出驾驶决策。比如，如果摄像头看到红灯，汽车就会知道要停下来。

还有其他传感器吗？

当然有，雷达和超声波传感器也非常重要。雷达可以检测到周围物体的速度和方向，从而帮助汽车避免碰撞。比如，雷达可以告诉汽车前面的车在加速还是减速，这样汽车可以保持安全距离。超声波传感器则可以检测到周围物体的距离，比如停车时检测与障碍物的距离，就像我们用手去衡量东西的距离一样。

那自动驾驶汽车为什么能自己开车呢？

这是因为它们使用了先进的人工智能和机器学习技术。通过不断地学习和分析传感器数据，汽车可以逐渐掌握驾驶规则和技巧，并做出相应的驾驶决策。比如，当汽车检测到前方有红灯时，它会自动停车；当检测到前方有行人时，它会减速或停车让行；当周围有车辆时，它会保持安全距离并避免碰撞。

总的来说，自动驾驶汽车可以帮助我们实现更安全、更高效和更便捷的出行方式。虽然它们还在不断发展和完善中，但我们可以期待未来为我们的生活带来更多便利和惊喜。

知识拓展：雷达和超声波

我们来聊聊两种非常有趣的技术：雷达和超声波。

一、什么是雷达？

首先，我们来说说雷达。雷达是一种用来探测物体位置和距离的设备。它的全名叫作"无线电探测和测距"（Radio Detection and Ranging），所以叫雷达。

雷达的原理：

雷达的工作原理很简单，它通过发射无线电波（也就是一种看不见的电磁波），然后接收这些无线电波的反射信号来探测物体的位置和距离。

雷达的技术要点：

1. 发射器：发射无线电波。

2. 接收器：接收反射回来的无线电波。

3. 天线：用来发射和接收无线电波。

讲给青少年的人工智能

4. 处理器：分析接收到的反射信号，计算物体的位置和距离。

雷达的工作步骤：

1. 发射无线电波：雷达的发射器通过天线发射出一束无线电波。

2. 无线电波传播：无线电波以光速传播，遇到物体时反射回来。

3. 接收反射波：雷达的接收器通过天线接收到反射回来的无线电波。

4. 计算位置和距离：处理器分析接收到的信号，计算出物体的位置和距离。

雷达的应用：

雷达有很多有趣的应用，比如：

天气预报：雷达可以探测到云层和降雨情况，帮助气象学家预测天气。

交通控制：机场的空中交通管制使用雷达来监控飞机的位置，确保飞行安全。

汽车：现在很多汽车都装有雷达，可以探测前方车辆，帮助驾驶员避免碰撞。

## 二、什么是超声波？

超声波是一种频率非常高的声音波，比我们能听到的声音还要高。因为频率太高了，我们听不见，但它对很多动物来说，比如蝙蝠和海豚，是非常有用的。

超声波的工作原理和雷达很像，它通过发射声音波，然后接收反射回来的声音波来探测物体的位置和距离。比如，蝙蝠在飞行时会发出超声波，然后听到反射回来的声音波，这样它就能知道前面是否有障碍物。

### 超声波的应用：

1. 医学检查：医生用超声波来检查病人的身体，叫作"超声波扫描"。

2. 测距仪：有些工具可以用超声波来测量两个物体之间的距离。

3. 清洗设备：超声波还可以用来清洗物品，比如珠宝和眼镜，把它们放在超声波清洗器中，超声波会震掉污垢，使物品变得干净。

雷达通过发射和接收无线电波来探测物体的位置和距离，而超声波通过发射和接收声音波来做到同样的事情。它们的原理和工作步骤都很相似，只是使用的波不同。雷达和超声波在生活中的应用非常广泛。

## 5  未来课堂：智慧小助手来啦

　　智能教育机器人是一种可以在课堂上辅助教学的机器人，通过人工智能技术，可以与学生进行交流和互动，帮助他们更好地学习和理解知识。让我们一起来看看它们在课堂上能做些什么吧。

　　首先，智能教育机器人可以帮助教师进行课堂管理。在课堂上，教师需要照顾每个学生的学习进度和情绪变化，而智能教育机器人可以通过分析学生的表情和语音，及时发现学生的需求和问题，帮助教师更好地调整教学方法和内容，提高教学效果。

　　那它们怎么帮助学生学习呢？

　　智能教育机器人可以通过与学生的交流和互动，帮助学生理解和记忆知识点，提高学习的效率和效果。例如，智能教育机器人可以通过问答形式的互动，帮助学生巩固所学知识；它还可以通过虚拟实验和模拟情境，帮助学生更直观地理解抽象概念。想象一下，你在学数学的时候，机器人可以通过有趣的游戏和挑战来帮助你理解难题。

　　智能教育机器人还可以帮助学生培养学习习惯和解决问题的能力。通过与机器人的互动，学生可以培养自己的思维逻辑和创新能力，提高自主学习的能力。例如，智能教育机器人可以提出挑战性问题，激发学生思考和探索的兴趣，培养他们解决问题的能力。比如，机器人可以给你一个谜题，让你去思考和解决，这样你就能学到更多解决问题的方法。

　　未来，相信智能教育机器人会有更多应用，可以帮助教师更好地进行个性化教学，根据学生的学习能力和兴趣，提供个性化的学习内容和方式。比如，如果你对科学感兴趣，机器人可以为你准备更多有趣的科学实验和视频，让你学得更深入。智能教育机器人还可以与在线学习平台和虚拟现实技术结合，提供更丰富多样的学习体验，提高学生的学习积极性和参与度。比如，戴上 VR 眼镜，机器人可以带你"去"古埃及参观金字塔，这样的学习是不是很酷？

　　总的来说，智能教育机器人在课堂上可以发挥重要作用，帮助教师更好地管理课堂和学生，帮助学生更高效地学习和掌握知识，培养他们的学习习惯和解决问题的能力。虽然智能教育机器人在这个领域还在不断发展和完善中，但我们可以期待未来智能教育机器人在教育领域的更多应用，为我们的学习和成长带来更多的帮助和启发。

## 6　你的灯会自开自关吗？

什么样的电灯才算是人工智能呢？

如果电灯能够根据环境和用户的习惯进行智能调整，比如通过学习用户的作息时间、房间的亮度和活动情况来决定何时开关，那么这就是人工智能的应用了。这样的电灯不仅仅是自动化设备，它能够"理解"用户的需求，并做出智能的决策。

假设你家里有一套智能照明系统，这套系统可以通过 AI 技术来管理电灯的开关。这里有几个方面：

1. 环境感知：智能照明系统配备了多个传感器，可以感知房间的亮度、温度和人的活动。当你进入房间时，系统会自动检测到并打开灯光；当你离开房间时，系统会自动关闭灯光，从而节省能源。

2. 学习用户习惯：智能照明系统还能通过 AI 技术学习你的作息时间和习惯。比如，它会记录你每天晚上大约在什么时间上床睡觉，并在你上床前逐渐调暗灯光，营造一个舒适的睡眠环境。早上，它会根据你的起床时间逐渐调亮灯光，帮助你自然醒来。

3. 语音控制：智能照明系统还可以通过语音助手来控制。比如，你可以对它说："Hey Siri，把客厅的灯调亮。"系统会立即响应，并根据你的指令调整灯光的亮度。

未来，这种系统还能做什么呢？

这种智能照明系统还可以与其他智能家居设备联动，提供更便捷的生活体验。比如：

1. 厨房助手：当你在厨房做饭时，系统可以根据厨房的亮度自动调整灯光的亮度；如果你需要查找食谱或调料，只需要对系统说出需求，它会立刻给你提供帮助。

2. 观影模式：当你在客厅看电视时，系统可以根据电视的屏幕亮度和内容自动调整灯光，营造一个最佳的观影环境。如果你在看电影，它可以调暗灯光，营造影院般的氛围。

3. 安全监控：当你不在家时，智能照明系统可以与安全系统联动，当检测到异常活动时，自动打开灯光并发送警报到你的手机上。

4. 健康管理：智能照明系统还可以配合智能手表等设备，

根据你的健康数据调整灯光。比如，如果你需要早起锻炼，系统会在适当的时候逐渐调亮灯光，帮助你轻松起床。

　　智能照明系统不仅能提高我们的生活质量，还能帮助我们节省能源，创造一个更加舒适和高效的生活环境。人工智能正在改变我们的生活，让我们身边的设备变得更加聪明和贴心。

## 7　智能语音助手秒懂你的需求

语音助手的工作原理其实很有趣。当我们说话时，语音助手会通过麦克风收集我们的声音，并将其转换为文字。这个过程叫作语音识别，它是语音助手的第一步。

接下来，语音助手会使用自然语言处理技术来理解我们说的话。自然语言处理是一种让计算机能够理解和处理人类语言的技术。通过自然语言处理，语音助手可以分析我们的话语，找出"关键信息"，并做出相应的回应。比如，当我们对语音助手说"今天天气怎么样"，语音助手会通过语音识别将我们的话转换成文字，并使用自然语言处理技术理解我们想知道的是今天的天气情况。然后，它会向我们提供今天的天气预报，让我们知道是否需要带伞或穿外套。

那它还能做什么呢？

除了回答问题，语音助手还可以执行一些指令。比如，当我们说"播放一首抒情歌曲"，语音助手会根据我们的指令播放一首抒情歌曲。它还可以帮我们设置闹钟、发送短信、拨打电话，甚至控制家里的智能设备。

　　未来的语音助手可能还能帮助我们更好地管理时间和健康。比如，它可以提醒我们定时喝水、做眼保健操，还可以记录我们的运动数据，帮助我们保持健康的生活方式。如果你有特别忙碌的日程安排，语音助手可以帮你合理安排时间，协助你不会错过任何重要的事情。

　　未来的语音助手可能会具备更多的智能功能，比如能够理解复杂的情感和社交场景，提供更加细致和人性化的服务。比如，它可以根据你的情绪调整播放的音乐，提供心理咨询和支持；它还可以帮你管理和分析你的日常数据，提供个性化的健康和生活建议。

---

### 知识拓展：语音识别技术

　　我们在正文中提到了"语音助手"，比如小爱同学、小度；当你对它们说话时，它们可以理解你的话，并且做出回应，这就是一种叫作"语音识别技术"的高级本领。我们一起来了解一下什么是语音识别技术，它是怎么工作的吧。

语音识别技术的原理：

　　语音识别技术就是让计算机能够听懂我们说的话。它就像是给计算机装上了一双"耳朵"，让它能够听到我们的声音，然后通过"脑子"来理解这些声音的意思，再根据这些意思做出相应的反应。

语音识别技术的技术要点：

　　1. 声音信号处理：计算机首先要能接收到我们的声音。这需要麦克风来捕提声音，然后把声音转换成可以被计算机处理的信号。

　　2. 特征提取：我们的声音信号是很复杂的，计算机需要从中提取出一些重要的特征，这就像是抓住声音的关键点。

　　3. 模式匹配：计算机会把这些特征和它已经学会的声音模式进行比对，看我们的声音和哪个模式最像。

　　4. 语言模型：计算机还要懂得我们说话的语言规

则，这样才能更好地理解我们的话，知道我们到底想表达什么。

语音识别技术的工作步骤：

第一步：声音信号处理

当你对着语音助手说话时，声音通过空气传到麦克风。麦克风会把声音转换成电子信号，这些信号会传到计算机里面。这就像是我们听到声音后，大脑收到声音信号一样。

第二步：特征提取

计算机接收到声音信号后，会对这些信号进行处理。我们的声音信号是由不同频率和强度的声音组成的，计算机会把这些不同的声音部分分解出来，提取出一些关键的特征。这就像是我们听到声音后，能够分辨出是高音还是低音，是大声还是小声。

第三步：模式匹配

接下来，计算机会把这些特征和它已经学习过的声音模式进行比对。比如，当你说"你好"时，计算机会把这个声音和它之前学过的"你好"的声音模式进行比对，看是否一样。这就像是我们听到别人说话时，能够分辨出对方在说什么。

第四步：语言模型

为了更好地理解我们的意思，计算机还需要懂得语言的规则。比如，我们说"我想听音乐"，计算机需要知道这句话的意思是我们想要听音乐，而不是其他什么事情。这个过程需要计算机理解语言的结构和用法，就像我们学习语文课一样。

第五步：输出结果

最后，当计算机理解了我们的意思后，它就会做出相应的反应。比如，当你说"播放音乐"时，计算机就会开始播放音乐；当你说"天气怎么样"时，计算机就会告诉你今天的天气情况。

语音识别技术在我们的生活中有很多有趣的应用，下面我们来看几个例子：

1. 语音助手：语音助手是我们最常见的语音识别应用。

当你对 Siri 说话时，它可以帮助查找信息、设置闹钟、发送短信等。

2. 智能家居：在智能家居中，语音识别技术也有应用。你可以对着智能音箱说"打开灯"，灯就会亮起来；你可以说"调高温度"，空调就会调高温度。这样，我们可以通过语音来控制家里的设备。

3. 语音输入：语音识别技术还可以用来输入文字。比如，当你不方便打字时，可以通过语音输入，将你的声音转换成文字。这样，你就可以更方便地写文章、发短信或者记录笔记。

总的来说，语音识别技术就是让计算机能够听懂我们说的话，通过声音信号处理、特征提取、模式匹配和语言模型等步骤，来理解我们的意思，并做出相应的反应。

## 8 AI 环保小助手

人工智能可以通过分析遥感图像和传感器数据，监测大气、水体和土壤的质量，及时发现污染源和环境问题。例如，人工智能可以分析卫星图像，监测森林覆盖变化，有助于保护森林资源。

对于水资源，人工智能可以分析水质传感器数据，监测水体污染，有助于保护水资源。比如，在一些地区，有些城市使用 AI 系统来实时监测河流和湖泊的水质，当水质出现问题时，系统会立即发出警报提醒。这可以防止污染扩散，保护我们的饮用水源。

还有什么其他应用吗？

通过智能家居系统和智能电网，人工智能可以帮助我们监控和调节家庭和工业用电，提高能源利用效率，减少能源浪费。比如，在一些国家，许多家庭安装了智能家居系统，可以根据家庭成员的偏好，自动调节家中的照明和空调；智能电网则可以根据能源需求和供应情况，智能调度电力系统，提高电力利用效率。

　　未来，人工智能在环境保护方面的应用可能会更加广泛。例如，可以帮助我们开发更高效的再生能源，如太阳能和风能，减少对化石燃料的依赖。在一些国家，AI 系统已经在优化风力发电和太阳能发电，提高能源效率。AI 还可以帮助我们管理和保护生态系统，如海洋生态系统和森林生态系统，保护生物多样性。

　　那这些应用具体是怎么做的呢？

　　举个例子，AI 可以通过无人机和卫星图像监测森林健康状况，及时发现森林火灾的早期迹象，帮助消防部门快速反应，减少火灾损失。还有，AI 可以通过分析海洋数据，监测鱼类种群变化，帮助渔业部门制订更合理的捕捞计划，保护海洋生态系统。

### 知识拓展：卫星图像监测

　　你们知道吗，什么是卫星图像监测？在遥远的太空中，有一些卫星在绕着地球运行。这些卫星有一个本领，就是能够拍摄地球的照片。这些照片叫作"卫星图像"。今天我们要聊的是"卫星图像监测"，就是通过这些卫星图像来发现和分析地球上的各种事情。

卫星图像监测的原理：

卫星图像监测，就是利用卫星拍摄的地球图像，通过计算机来分析，找到我们感兴趣的东西。比如，可以用卫星图像来监测森林火灾、发现城市扩展、分析农田作物的生长情况等。简单来说，卫星图像监测就像是用卫星的"眼睛"来看地球，用计算机的"大脑"来理解这些图像。

卫星图像监测的技术要点：

1. 卫星拍摄：卫星在太空中拍摄地球的图像，这些图像可以显示地球表面的详细信息。

2. 图像处理：拍摄到的图像会传输到地面站，然后通过计算机进行处理，去除噪音和杂质，让图像更加清晰。

3. 特征提取：计算机会从图像中提取出有用的信息，

讲给青少年的人工智能

比如颜色、形状、纹理等。

4. 分类识别：通过特征提取的结果，计算机会对图像进行分类和识别，找到我们需要的信息，比如识别森林、城市、河流等。

5. 结果分析：最后，计算机会把识别的结果展示出来，让科学家或者相关人员进行分析和决策。

卫星图像监测的工作步骤：

第一步：卫星拍摄

首先，卫星会在太空中拍摄地球的图像。这些卫星上装有高分辨率的相机，可以拍摄到地球表面的细节。卫星拍摄的图像可以覆盖广阔的区域，比如整个城市、大片森林、广阔的海洋等。

第二步：图像传输和处理

拍摄到的图像会通过无线电波传输到地面的接收站。接收站收到图像后，会通过计算机进行处理。处理的过程包括去除图像中的噪音和杂质，让图像更加清晰。

第三步：特征提取

接下来，计算机会从图像中提取出有用的信息。这一步很重要，因为卫星图像中包含了大量的信息，计算机需要找到关键的特征来进行分析。比如，计算机会提取图像中的颜色、形状、纹理等特征，这就像是我们看一张照片时，先注意到的颜色和形状一样。

第四步：分类识别

通过特征提取，计算机会对图像进行分类和识别。比如，当计算机看到绿色的区域时，它会判断这是森林；当看到灰色和白色的区域时，它会判断这是城市。这一步就像是我们看照片时，能够分辨出照片中的树木、建筑物和河流一样。

第五步：结果分析

最后，计算机会把识别的结果展示出来，让科学家或者相关人员进行分析和决策。比如，科学家可以通过卫星图像监测到森林火灾的发生，及时采取措施进行灭火；农民可以通过卫星图像分析农田的生长情况，调整农作物的种植计划。

卫星图像监测在我们的生活中有很多重要的应用：

1. 森林火灾监测

通过卫星图像，科学家可以实时监测森林火灾的发生和发展。卫星可以拍摄到火灾的烟雾和火焰，计算机可以分析这些图像，迅速判断火灾的范围和位置。这样，消防人员可以及时赶到现场进行灭火，保护森林和人们的安全。

2. 农田作物分析

农民可以利用卫星图像来分析农田作物的生长情况。通过卫星图像，可以看到农田的水分、养分和病虫害情况，及时调整种植计划，提高农作物的产量和质量。

3. 城市规划

城市规划人员可以利用卫星图像来了解城市的扩展和变化。通过卫星图像，规划人员可以看到城市的建筑、道路和绿地分布，合理规划城市的发展，提高城市的宜居性和美观性。

现在你们知道什么是"卫星图像监测"了吗？卫星图

像监测就是利用卫星拍摄的地球图像，通过计算机来分析

这些图像，找到我们感兴趣的东西。卫星图像监测的过程

包括卫星拍摄、图像传输和处理、特征提取、分类识别和

结果分析。

## 9 保护濒危动物，AI 来帮忙

人工智能可以通过分析遥感图像和声音数据，帮助科学家更准确地监测濒危动物的分布和数量。濒危动物生活的环境通常很隐蔽，传统的监测方法往往不够精确和高效。人工智能可以通过卫星图像和无人机拍摄的数据，识别出濒危动物的栖息地。比如，在非洲，研究人员使用 AI 分析无人机拍摄的图像，发现大象和犀牛的踪迹，及时采取保护措施。

AI 还可以通过分析声音数据来监测濒危动物。比如，在热带雨林中，科学家安装了很多录音设备，这些设备可以记录鸟类、猿类等动物的叫声。然后，AI 可以分析这些声音，识别出不同种类的动物，并统计它们的数量和活动范围。在亚马孙雨林中，这种方法已经帮助科学家更好地了解稀有鸟类和其他动物的分布情况。

人工智能可以通过分析濒危动物的行为模式和生态习性，提出更有效的保护策略。例如，AI 可以分析野生动物的迁徙规律，指导保护人员设置野生动物通道，避免野生动物与人类活动发生冲突。有研究人员使用 AI 分析鹿和熊的迁徙路径，帮助在高速公路上设置野生动物通道，减少交通事故和动物伤亡。

AI 可以分析动物的声音，帮助保护人员识别动物的种类和数量，制订更科学的保护计划。例如，在海洋中，科学家使用AI 分析鲸鱼和海豚的声音，监测它们的活动和数量。这些数据可以帮助建立海洋保护区，减少船只对海洋哺乳动物的干扰。

AI 还可以帮助科学家保护濒危动物的栖息地。濒危动物的栖息地往往受到破坏和威胁，人工智能可以通过分析卫星图像和地理信息数据，监测栖息地的变化，及时发现并采取保护措施。例如，AI 可以分析森林覆盖的变化，帮助保护人员及时发现非法砍伐和森林火灾。在亚马孙雨林和非洲的刚果盆地，AI已经帮助科学家监测和保护这些重要的生态系统。

未来，人工智能在保护濒危动物方面的应用可能会更加广泛。例如，AI 可以帮助科学家更好地了解濒危动物的生态系统，设计更科学的保护措施。AI 还可以帮助监测和预测气候变化对濒危动物的影响，提前采取应对措施，保护濒危动物的生存环境。有科学家使用 AI 预测气候变化对北极熊和其他北极动物的影响，帮助制定应对策略。

　　AI还可以帮助打击非法捕猎和交易。通过分析社交媒体、电子邮件和其他数据，AI可以识别并追踪非法捕猎和交易活动，协助执法部门采取行动。在非洲和亚洲，AI已经帮助识别和打击了许多非法象牙和犀牛角交易案件。

　　总的来说，人工智能在保护濒危动物方面有着重要的作用，它可以帮助科学家更好地监测和保护濒危动物，提高保护工作的效率和效果。虽然人工智能在这个领域还在不断发展和完善中，但我们可以期待未来人工智能在保护濒危动物方面的更多应用，为我们的地球生态系统带来更多的帮助和保护。

---

**知识拓展：生态系统**

　　你们知道什么是生态系统吗？生态系统就是自然界中所有生物和它们生活的环境共同组成的一个大"家"。在这个大"家"里，植物、动物、微生物、土壤、水和空气都在一起，互相依赖，互相影响。

生态系统的研究技术：

1. 遥感技术：科学家使用卫星和无人机拍摄地球的照片，观察森林、河流、海洋等生态系统的变化。

2. 生态模型：科学家用计算机模拟生态系统中的各种关系，预测生态系统在不同条件下的变化。

3. 样方调查：科学家在生态系统中选取一定面积的样方，记录其中的植物种类、数量和分布情况，研究生物的多样性和生态系统的健康状况。

4. 追踪技术：科学家为动物安装追踪器，了解它们的生活习性、迁徙路线和活动范围。

5. DNA 分析：科学家通过分析动植物的 DNA，研究它们的进化历史、亲缘关系和适应环境的能力。

研究生态系统有很多重要的价值：

1. 保护环境：通过研究生态系统，科学家可以发现环境污染和生态破坏的原因，提出保护环境的措施，保护我们的地球。

2. 保护生物多样性：生态系统中有许多珍稀和濒危的动物和植物，通过研究它们的生活习性和生存环境，科学家可以制定相关保护策略。

3. 农业发展：通过研究土壤、植物和微生物的关系，科学家可以改良农业技术，提高农作物的产量和质量，保障粮食安全。

4. 气候变化研究：通过研究森林、海洋等生态系统，科学家可以了解它们在碳循环和气候调节中的作用，提出应对气候变化的策略。

5. 生态旅游：通过保护和研究生态系统，可以发展生态旅游，让人们在欣赏自然美景的同时，了解生态知识，增强环保意识。

## 10 帮助解决全球性问题，世界更美好

人工智能有潜力帮助我们解决一些全球性的问题，比如贫困或饥饿。

人工智能在减贫方面有着重要的应用。可以通过分析大量的数据，有助于更好地了解贫困问题的本质和特点，制定更精准有效的减贫政策和措施。例如，用 AI 分析贫困地区的经济数据和社会信息，找出贫困原因和影响因素，提出针对性的扶贫方案，帮助贫困地区脱贫致富。在非洲，AI 系统通过卫星图像和地理信息系统（GIS）数据，识别出最需要帮助的社区，并分配资源。

在解决饥饿问题方面，人工智能也有着重要的作用。可以帮助农民提高农业生产效率，减少农产品损失，提高粮食供应。例如，AI 可以通过监测土壤湿度、气温等环境指标，预测农作物的生长情况，指导农民科学种植，提高农产品产量和质量。在印度，农民使用 AI 应用程序获取关于最佳种植时间和方法的建议，显著提高了农作物产量。

AI 还可以帮助解决全球性的环境问题，如气候变化和资源浪费。可以通过分析气候数据和环境监测信息，提前预测自然灾害的发生和影响，指导应对措施，减少灾害损失。AI 还可以帮助优化能源利用和资源管理，减少能源消耗和资源浪费，实现可持续发展。

未来，人工智能在解决全球性问题方面的应用可能会更加广泛。可以帮助解决医疗资源不足的问题，提高全球医疗水平和医疗服务的覆盖范围。例如，在偏远地区，AI 驱动的远程医疗系统可以帮助医生诊断疾病，提供治疗建议。在非洲，一些地区已经使用 AI 来分析健康数据，预测疾病暴发，提前采取预防措施。

总的来说，人工智能在解决全球性问题方面有着重要的作用。AI 可以帮助我们更好地了解问题、制订有效的解决方案，为全球可持续发展贡献力量。AI 还可以帮助优化资源分配，提高效率。例如，在物流和供应链管理中，AI 可以优化运输路线，减少燃料消耗和碳排放。在零售业，AI 可以预测库存需求，减少浪费。

AI 还有其他解决全球性问题相关的应用吗?

在交通管理方面,AI 可以优化交通信号灯的时间设置,减少交通拥堵,降低碳排放。比如,在新加坡,智能交通管理系统已经显著改善了城市交通流量。

# AI 的进化之路

# 1　从图灵测试到至强 AI 棋手

　　人工智能的历史可以追溯到 20 世纪 50 年代。1956 年，达特茅斯会议标志着人工智能作为一个独立学科的诞生。几位计算机科学家，包括约翰·麦卡锡、马文·明斯基和艾伦·纽厄尔，提出了让机器实现智能的构想。这个会议被认为是 AI 的起点。

　　在接下来的几十年里，AI 经历了几次高潮和低谷。早期的 AI 研究主要集中在逻辑推理和问题求解方面，研究人员试图通过编写规则和算法来模仿人类的思考过程。然而，受限于计算能力和数据量，这些早期的尝试并未取得重大突破。

　　20 世纪 80 年代，专家系统成为 AI 研究的一个热点。这些系统试图模拟专家的知识和决策过程，在医学诊断和故障排除等领域取得了一定的成功。然而，专家系统的局限性在于它们需要大量的规则和知识库的支持，难以处理复杂和动态的问题。

　　进入 21 世纪，随着计算能力的提升和互联网的普及，AI 研究迎来了新的发展机遇。特别是深度学习技术的兴起，为 AI

带来了革命性的进步。通过模拟人脑神经网络的结构和功能，深度学习算法能够从海量数据中自动提取特征和模式，大大提高了人工智能的性能和应用范围。

实际应用中，AI 的历史发展也带来了许多令人惊叹的成果。例如，AlphaGo 通过深度学习算法击败了围棋世界冠军，这一事件标志着 AI 在复杂博弈问题上的突破。埃隆·里夫·马斯克（Elon Reeve Musk）创办 Tesla 并致力于研发开源的电动车自动驾驶技术也取得了巨大进展，利用 AI 实现了车辆的自动驾驶功能，致力于提高道路安全性和司机驾驶的便利性。

在我国，AI 被广泛应用于老年护理机器人，这些机器人可以帮助老年人进行日常生活活动，提高了他们的生活质量。在欧洲，AI 技术被用于环境监测和保护，比如通过卫星图像分析森林覆盖变化，及时发现并防止非法砍伐。在澳大利亚，AI 被用于农业，帮助农民预测天气、监测作物健康状况，提高农业生产效率。

相信在未来，随着 AI 技术的不断进步，它将在更多领域发挥重要作用，改变我们的生活方式。例如，AI 有望在个性化医疗方面取得突破，通过分析患者的基因数据和病历信息，提供个性化的治疗方案。在教育领域，AI 将帮助教师根据每个学生的学习情况制订个性化的教学计划，提高教育质量和效率。

## 2 AI 说：你的心思，我来猜

"人工智能推荐系统"就像是一个小助手，它可以根据你的喜好和兴趣，为你推荐喜欢的东西，比如电影、音乐、书籍等。

推荐系统的工作原理其实很简单。首先，它会收集你的历史行为数据，比如你看过的电影、听过的歌曲、购买过的商品等。然后，它会通过算法分析这些数据，找出你的兴趣和喜好，从而为你推荐符合你口味的东西。比如，假设你喜欢看科幻电影，推荐系统会根据你以前看过的电影和评分，推荐给你其他类似的科幻电影。如果你喜欢听摇滚乐，推荐系统会根据你收藏的音乐和播放次数，推荐给你更多的摇滚乐曲。

当然，以目前发展水平来说，它还是有可能会出错的。有时候，它可能会根据你的历史行为做出错误的推荐，比如推荐一部你不感兴趣的电影或一首你不喜欢的歌曲。这可能是因为推荐系统没有考虑到你的真实兴趣，或者是数据分析出现了偏差。比如，你可能临时看了一部不喜欢的电影，系统就会误以为你喜欢这种类型。

未来推荐系统可能会变得更加智能和准确。例如，推荐系统可以结合社交网络数据，了解你的朋友喜欢的东西，从而更好地为你推荐内容。比如，如果你的朋友们都喜欢某部新出的电影，推荐系统也会推荐给你，因为你们可能有相似的兴趣。此外，推荐系统还可以考虑你的实时反馈和情绪变化，从而调整推荐策略，提供更加个性化和准确的推荐。

我们举一些具体的例子：目前，像是 Netflix 和 Spotify 这样智能型产品就使用了这样的推荐系统。Netflix 会根据你观看过的电视剧和电影，以及你给它们的评分，推荐你可能感兴趣的新影片。Spotify 则会根据你听过的音乐，给你推荐新歌和艺术家，还会为你生成个性化的播放列表。

又例如，一些线上购物平台使用推荐系统为用户推荐商品。系统会分析用户的购物历史和浏览记录，推荐用户可能感兴趣的商品，从而提高销售额。在中国，爱奇艺、腾讯视频等也使用推荐系统，根据用户观看的节目，推荐新的电视剧和纪录片。

推荐系统不仅能推荐娱乐内容和商品，还能应用于教育和职业发展领域。例如，在教育平台上，推荐系统可以根据学生的学习进度和兴趣，推荐适合的课程和学习资源。在职业社交平台，如 LinkedIn 上，推荐系统会根据用户的职业背景和兴趣，推荐适合的工作机会和职业发展资源。

未来，推荐系统可能会结合更多的数据源，变得更加智能。例如，结合健康数据，推荐系统可以根据你的健康状况和生活习惯，推荐适合的健康饮食和锻炼计划。结合旅游数据，推荐系统可以根据你的旅行历史和兴趣，推荐新的旅游目的地和活动。

推荐系统还有很多有趣的应用。例如，在社交媒体上，推荐系统可以根据你的兴趣和互动，推荐你可能感兴趣的内容和朋友。在汽车导航系统中，推荐系统可以根据你的驾驶习惯和实时交通情况，推荐最佳的行驶路线。

总的来说，推荐系统是可以帮助我们发现新的兴趣和享受更好的娱乐体验。虽然它们有时会出错，但随着技术的不断进步，我们可以期待推荐系统变得更加智能和准确。

## 3 AI 是图像界的"名侦探"

图像识别是指让计算机识别和理解图片中的内容，这需要计算机具备分析图像的能力，类似于人类的视觉系统。为了实现图像识别，AI 系统通常使用深度学习算法和神经网络模型，这些模型可以模拟人类大脑中视觉皮层的工作方式，从而实现对图像的理解和识别。

AI 通过分析图片中的像素值和颜色信息，来识别图像中的物体和场景。例如，当 AI 看到一张猫的图片时，它会分析图片中每个像素的颜色和位置，然后将这些信息传递给神经网络模型。模型会根据之前学习到的猫的特征，如眼睛、耳朵、毛发等，来判断这是一张猫的图片。这个过程就像我们看到一只猫并识别出，因为我们的大脑已经学会了猫的样子。

在中国，百度的 AI 技术被应用于城市管理，通过分析监控摄像头捕捉到的图像，识别并追踪可疑活动，提高城市的安全性。在欧洲，图像识别技术被应用于农业，通过无人机拍摄农田图像，监测作物健康状况，优化农业管理。

在交通领域，图像识别技术可以帮助交通管理部门监测交通情况，优化交通流量，减少交通事故发生率。

例如，在一些大城市，智能交通系统通过摄像头实时监测交通状况，利用 AI 分析交通流量数据，智能调整红绿灯时间，减少拥堵，提高道路通行效率。在自动驾驶技术中，图像识别帮助车辆识别道路标志、行人、车辆和障碍物，实现安全驾驶。

图像识别技术还可以在环境保护方面发挥重要作用。例如，AI 可以通过分析卫星图像监测海洋污染，识别塑料垃圾，帮助环保组织制订清理计划。

在野生动物保护中，图像识别技术可以通过无人机拍摄图像，监测濒危动物的活动，保护它们的栖息地。在文化遗产保护中，AI 可以分析文物和古建筑的图像，识别损坏情况，帮助修复和保护。

总的来说，图像识别可以帮助我们更好地理解和利用图像信息。随着技术的不断进步，我们可以期待图像识别在未来的发展和应用中，为我们的生活带来更多的便利和惊喜。

## 知识拓展：视觉系统技术

我们之所以能看到这个美丽的世界，都是因为我们有一个神奇的"视觉系统"。

### 视觉系统技术对应的应用：

为了模仿人类的视觉系统，科学家们发明了许多有趣的技术。

1. 数码相机的工作原理和我们的眼睛很相似。它有一个"镜头"，就像我们的晶状体，可以聚焦光线。相机里还有一个"感光元件"，类似我们的视网膜，可以将光信号转换成电信号。然后，相机里的电子设备会将这些信号处理成照片。

2. 计算机视觉是一种让计算机能"看见"并"理解"图像的技术。计算机可以通过摄像头获取图像，然后通过复杂的算法分析图像中的物体、颜色、形状等。计算机视觉技术广泛应用于自动驾驶、机器人、医学影像等领域。

3. 虚拟现实（VR）技术可以让我们进入一个完全由

讲给青少年的人工智能

计算机生成的虚拟世界。通过佩戴特殊的 VR 眼镜，我们的视觉系统会被"欺骗"，以为自己真的进入了那个虚拟世界。VR 技术可以用于游戏、教育、医疗等许多领域。

研究人类的视觉系统有很多重要的意义：

1. 医学：通过研究视觉系统，我们可以更好地理解眼睛和大脑的工作原理，帮助医生诊断和治疗各种眼部疾病。例如，科学家们可以研究如何通过手术或药物治疗白内障、青光眼等眼病，帮助人们恢复视力。

2. 科技：了解视觉系统的工作原理，可以帮助我们开发更先进的技术。例如，自动驾驶汽车需要依靠计算机视觉技术来"看见"路上的情况，避免碰撞；机器人需要视觉系统来识别物体，完成各种任务。

3. 教育：通过研究视觉系统，我们可以开发更好的教学工具，帮助学生更好地学习。例如，利用虚拟现实技术，学生可以在虚拟世界中进行实验和探索，增强学习的趣味性和效果。

## 4　AI 让艺术家创意无限

　　AI 可以帮助艺术家创作电影和动画。通过分析电影和动画作品中的场景和角色，AI 可以生成出新的场景和角色，帮助艺术家设计和制作电影和动画。例如，有一种叫作"生成对抗网络"（GAN）的技术，可以生成出逼真的图像和视频，让电影和动画更加生动和有趣。在好莱坞，电影制作公司使用 AI 技术生成逼真的特效和动画角色，提升了电影的视觉效果。

　　未来，随着人工智能技术的不断发展和完善，AI 在艺术创作领域的应用可能会更加广泛。例如，AI 可以帮助艺术家更好地表达自己的情感和思想，与观众产生更深层次的共鸣。例如，AI 可以分析观众的情感反应，帮助艺术家调整作品的风格和内容，以达到更好的表达效果。

　　AI 还可以在其他方面帮助艺术家，比如帮助艺术家进行艺术修复和保护。AI 可以分析老旧艺术品的图像，识别出需要修复的部分，帮助修复师更精确地修复艺术品。在意大利，AI 技术被用于修复达·芬奇的名画《最后的晚餐》，帮助恢复了画作的原貌。AI 还可以通过分析艺术品的材质和工艺，提供保护和保存的建议，延长艺术品的寿命。

## 5　论鉴赏，AI 秒懂世界名画

人工智能在艺术品鉴赏中发挥着作用。它可以帮助我们更深入地理解艺术作品，并提供个性化的艺术体验。让我们一起来看看 AI 是怎么做到的吧。

首先，人工智能可以通过图像识别技术来分析艺术作品的视觉特征，比如色彩、构图和线条等。通过这些分析，人工智能可以帮助我们了解作品的风格和特点，从而更好地欣赏和理解艺术品。有科技工作者已开发出相关应用，如 Art Project 就是利用 AI 技术扫描和分析博物馆中的艺术品，为用户提供详细的艺术作品解读和高清图像浏览体验。通过 AI 的分析，用户可以了解作品的创作背景、艺术家的风格特点，以及作品的细节之美。

那 AI 还能做什么呢？人工智能还可以通过自然语言处理技术来分析艺术评论和评价。它可以帮助我们了解专家和评论家对艺术作品的看法和解读，从而帮助我们更深入地理解作品的内涵和意义。例如，在英国，Tate 美术馆使用 AI 分析大量的艺术评论和文章，提供关于艺术作品的多维度解读，帮助观众更好地理解作品的历史背景和文化价值。

人工智能还可以通过推荐系统来推荐我们可能感兴趣的艺术作品。比如，如果你喜欢梵高的画作，AI 就可以推荐给你其他类似风格的艺术作品，让你有更丰富的艺术体验。前文提及的智能线上商城推荐系统目前已广为人知，但在艺术领域也有类似的应用。例如，网站利用 AI 技术根据用户的浏览和收藏记录，推荐类似风格的艺术作品和艺术家。

未来 AI 在艺术鉴赏方面还会有哪些新应用呢？

随着人工智能技术的不断发展，我们可以期待更多智能化的艺术品鉴赏体验。例如，未来的 AI 可能会根据我们的情感和心理状态来推荐艺术作品。想象一下，AI 可以根据你的情绪推荐一幅能够抚慰心灵的画作或一首适合心境的音乐。在法国，研究人员正在开发一种情感识别 AI，通过分析用户的面部表情和语音语调，推荐符合其情感状态的艺术作品。

那 AI 还能带来什么有趣的体验呢？AI 还能为我们带来许多互动式的艺术体验。例如，在西方的一些博物馆，AI 导览机器人可以与观众互动，回答他们关于艺术品的问题，提供个性化的导览服务。观众可以通过与 AI 的互动，深入了解每一件艺术品的背景故事和艺术价值。此外，AI 还可以帮助创作互动艺术装置，观众的动作和声音可以实时影响艺术作品的变化，创造出独特的艺术体验。

在亚洲地区，艺术家与 AI 合作创作了许多令人惊叹的艺术作品。例如，团队 Lab 的数字艺术展览通过 AI 技术和互动装置，创造出沉浸式的艺术体验，吸引了全球大量游客。在荷兰，Van Gogh Museum 利用 AI 技术为观众提供虚拟现实（VR）体验，让观众仿佛置身于梵高的画作中，感受艺术家的创作世界。

AI 不仅可以帮助艺术品鉴赏，还可以在艺术保护和修复中发挥重要作用。例如，在意大利，研究人员利用 AI 技术分析达·芬奇的《最后的晚餐》，识别出画作中的细微损伤，帮助修复师进行精准修复。AI 还可以通过分析艺术品的材质和工艺，提供保护和保存的建议，延长艺术品的寿命。

讲给青少年的人工智能

## 知识拓展：互动装置

我们来聊一种很有趣的东西，叫作"互动装置"。大家可能在游乐园、博物馆见过这种装置。它们可以和我们进行互动，给我们带来很多乐趣和知识。

首先，我们要知道，互动装置通常由几个部分组成：

1. 传感器：传感器就像是互动装置的"感官"，它可以感知外界的信息，比如声音、光、温度、动作等。常见的传感器有麦克风（用来接收声音）、摄像头（用来捕捉图像）、红外传感器（用来检测动作）等。

2. 处理器：处理器就像是互动装置的大脑，它可以分析传感器收集到的信息，然后决定下一步要做什么。处理器会根据预先设定的程序，处理输入的信息并作出反应。

3. 输出设备：输出设备是互动装置用来和我们互动的部分，比如显示屏、喇叭、灯光、机械部件等。它们会根据处理器的指令，展示出相应的内容或动作。

4. 电源：电源为互动装置提供能量，让它能够正常工作。电源可以是电池、电源线或太阳能电池板等。

互动装置的对应技术：

　　互动装置之所以能够和我们互动，离不开一些关键的技术。感应技术：感应技术是让互动装置能够感知外界信息的技术。比如，光感应技术可以让互动装置感知光的强弱，声音感应技术可以让互动装置感知声音的大小和频率。处理技术：处理技术是让互动装置能够分析和处理信息的技术。处理器会根据感应到的信息，运行预先设定的程序，作出相应的反应。比如，互动装置可以根据声音的变化，控制灯光的闪烁频率。输出技术：输出技术是让互动装置能够展示和传递信息的技术。显示屏可以显示图像和文字，喇叭可以播放声音，机械部件可以做出各种动作。

互动装置之所以有趣，是因为它们可以带来很多创新的体验：

　　实时互动：互动装置可以实时感知我们的动作和声音，并快速作出反应。比如，互动墙可以根据我们触摸的地方，显示不同的图案和颜色。

　　个性化体验：互动装置可以根据不同的输入信息，提供个性化的体验。比如，智能镜子可以根据我们的面部表情，给出不同的化妆建议。

增强现实：一些互动装置可以结合增强现实技术，把虚拟的图像叠加到现实环境中，带来更生动的体验。比如，互动地板可以在我们踩到不同地方时，显示出不同的动画效果。

## 互动装置在我们的生活中有很多应用

教育：在学校里，互动装置可以用来辅助教学。比如，互动白板可以让老师和学生一起在屏幕上书写和绘画，增强课堂互动性；互动展览可以让学生通过触摸和操作，学习科学知识。

娱乐：在游乐园和博物馆里，互动装置可以用来提供娱乐体验。比如，互动游戏机可以根据玩家的动作和声音，控制游戏角色的行动；互动艺术装置可以根据观众的参与，展示出不同的艺术效果。

家庭：在家里，互动装置可以用来提高生活质量。比如，智能音箱可以根据我们的语音指令，播放音乐、讲故事、查天气；智能灯光可以根据我们的动作和时间，自动调节亮度和颜色。

公共场所：在公共场所，互动装置可以用来提供便利服务。比如，互动信息亭可以让我们查询地图和交通信息；互动广告牌可以根据观众的动作和表情，展示出有趣的广告内容。

互动装置是如何工作的呢？让我们来看看它们的工作步骤：

1. 感知输入：首先，传感器会感知外界的信息，比如声音、光、动作等，并将这些信息转换成电信号。

2. 信息处理：接着，处理器会接收传感器传来的电信号，根据预先设定的程序，分析和处理这些信息，决定下一步要做什么。

3. 输出反应：然后，处理器会发出指令，控制输出设备展示出相应的内容或动作。比如，显示屏显示图像，喇叭播放声音，机械部件做出动作。

4. 反馈调整：最后，互动装置会根据我们的反馈，不断调整和优化反应。比如，根据我们的触摸位置，展示出不同的图案和颜色。

## 6 AI 玩转神奇笔下奇幻冒险

目前，人工智能在写作方面的应用越来越广泛，它能写出各种各样的故事，从科幻小说到侦探故事，再到童话故事。

1. AI 是怎么写作的呢？

人工智能可以通过分析大量的文本数据，学习到不同的写作风格和技巧，然后根据这些学习到的知识，生成新的文章或故事。这种技术叫作"自然语言生成"（NLG）。NLG 技术让 AI 能够根据输入的关键词和语境，生成符合语法规则和逻辑结构的文章。例如，有科技工作者已开发出 AI 互动聊天、百科及信息检索模型，及其更新迭代版本，最新的人工智能模型可以生成各种风格和主题的文本、语音，甚至是插画、视频；从新闻报道到诗歌，再到短篇小说。

2. AI 能写出什么样的故事呢？

AI 可以写出各种各样的故事，从科幻小说到侦探故事，再到童话故事。例如，AI 可以根据你提供的故事情节和角色设定，生成一部引人入胜的科幻小说。有一个叫作 SudoWrite 的 AI 写作助手，可以帮助作家快速生成故事情节和对话，提高写作效率。它甚至可以根据用户的反馈，实时调整故事的发展方向。

3. AI 在写作方面还有哪些应用呢？

AI 在写作方面的应用非常广泛。例如，在教育领域，AI 可以帮助教师设计教学材料，订制个性化的学习内容。例如，科技工作者使用 AI 技术开发了智能写作助手，帮助学生提高写作技巧和表达能力。AI 可以根据学生的写作水平和兴趣，推荐适合的写作题材和练习，让学习变得更加有趣和高效。

另外，在出版行业，AI 可以帮助提高工作效率。在我国，出版公司使用 AI 技术分析读者的偏好，推荐潜在畅销书的题材和风格，帮助作者创作出更受欢迎的作品。

4. 未来 AI 在写作方面还有什么可能性呢？

未来，人工智能在写作方面的应用将会更加广泛和深入。例如，AI 可以帮助作家和编剧提高写作效率，快速生成大量的文本内容。像是电影界就已经开始使用 AI 技术分析电影剧本的市场潜力，帮助编剧创作更受欢迎的剧本。AI 还可以帮助编剧生成电影对白和情节设定，减少创作时间和成本。

AI 还可以帮助儿童编写故事，激发他们的想象力和创造力。在亚洲地区，有教育科技公司开发了一款叫作"AI Story Teller"的应用，孩子们可以输入简单的故事情节，AI 会根据这些情节生成完整的故事。孩子们可以通过这种方式学习写作技巧，并享受创作的乐趣。

5. AI 还能做什么其他有趣的事情呢？

AI 不仅可以帮助写作，还可以在其他领域发挥作用。例如，在新闻报道中，AI 可以快速生成新闻稿件，提高新闻传播的速度和准确性。在财经领域，AI 可以生成财务报告和市场分析，为投资者提供及时的资讯。在医疗领域，AI 可以生成病历和医疗报告，帮助医生提高诊断和治疗的效率。

在娱乐领域，AI 可以帮助创作歌词和音乐。比如，AI 作曲家 AIVA 已经创作了许多优美的音乐作品，被用于电影和游戏配乐。有一款叫作 Jukedeck 的 AI 作曲应用，可以根据用户的需求，生成各种风格的音乐，为创作者提供灵感和素材。

总的来说，人工智能在写作和其他创作领域的应用是有一定前景的。它不仅可以帮助我们创作出更多样化、更富有创意的作品，还可以提高我们的工作效率，让我们有更多时间去探索和享受生活。让我们期待人工智能在未来的发展和应用中，为我们的写作和创作带来更多的便利和惊喜吧。

知识拓展：音乐制作和影视配乐

中国的音乐制作和影视配乐最早可以追溯到 20 世纪初期。随着电影和音乐产业的不断发展，越来越多的专业音乐人开始参与影视作品的创作。到了 20 世纪 80 年代和 90 年代，随着经济的快速发展和科技的进步，中国的音乐制作和影视配乐水平得到了显著提升，涌现出许多经典的电影和音乐作品。

1. 使用的技术

现代音乐制作和影视配乐中，技术扮演了重要的角色。以下是一些常用的技术：

数字音频工作站（DAW）：这是一种专门用于录音、编辑和制作音频的计算机软件。常见的 DAW 有 Cubase 和

FL Studio 等。通过 DAW，音乐制作人可以录制、编辑和混合各种音轨，创造出高质量的音乐作品。

虚拟乐器：虚拟乐器是通过计算机模拟真实乐器声音的软件。它们可以在 DAW 中使用，让音乐制作人能够轻松地创作各种风格的音乐。

音频效果处理：这是指使用各种音频效果插件，如混响、延迟、压缩等，来处理和优化音轨，使得音乐更加丰富和动听。

## 2　工具手法

在音乐制作和影视配乐中，以下是一些常用的工具和手法：

配乐软件：像 Ableton Live 等配乐工具，可以帮助音乐制作人创建复杂的音轨和效果。

MIDI 控制器：这是用来控制虚拟乐器和音频效果的硬件设备，能够提高创作效率和灵活性。

录音设备：高质量的麦克风、声卡和音箱是录制和制作高品质音乐的重要工具。

## 3. 创新突破点

近年来，中国的音乐制作和影视配乐领域取得了许多创新突破。例如，越来越多的制作人开始使用人工智能技术来生成音乐和音效，提高创作效率。此外，虚拟现实（VR）和增强现实（AR）技术也开始应用于音乐和影视制作，为观众带来了更加沉浸式的体验。

## 4. 未来发展变化

未来，随着科技的不断进步，音乐制作和影视配乐领域将会有更多的发展变化。虚拟现实和增强现实技术也将进一步发展，为观众提供更加真实的互动体验。

## 7　创作动人旋律

人工智能在音乐创作中的应用越来越广泛，它能创作出更多样化、更具创意的音乐作品。

首先，让我们了解一下 AI 在音乐创作中的应用。AI 可以通过分析大量的音乐数据，学习到不同的音乐风格和元素，然后根据这些学习到的知识，生成新的音乐作品。比如，已有科技工作者使用 AI 开发出的音乐程序可以模仿古典音乐、流行音乐、爵士乐等多种风格，甚至可以结合不同风格创作出全新的音乐。该智能程序可以通过分析大量的音乐数据，学习各类音乐的和弦、旋律、节奏和结构，从而生成新的音乐作品。

那在音乐领域，AI 还能做什么呢？

AI 还可以帮助音乐人改进已有的音乐作品，提高作品的质量。例如，AI 可以分析音乐作品的结构和元素，提出改进建议，帮助音乐人优化作品。由科技工作者开发的 AI 音乐软件可以生成旋律，并根据用户的反馈不断优化旋律，创作出更加动听的音乐作品。此外，AI 还可以帮助音乐人进行编曲和混音，通过分析歌曲的各个部分，自动调整音效和音量，让音乐作品更加完美。

未来 AI 在音乐创作中还有什么可能的应用呢？

AI 可以成为音乐创作的重要工具，帮助音乐人实现更加丰富和多样化的创作。例如，AI 可以帮助音乐人与其他艺术形式结合，创作出更加具有创新性和前瞻性的作品。有知名电影配乐师使用 AI 生成的音乐片段为电影配乐，创造出独特的音效和氛围。此外，AI 还可以帮助音乐人个性化定制音乐，满足不同人群的需求。比如，AI 可以根据用户的情绪和偏好，生成专属的个性化音乐，让人们都能享受到独一无二的音乐体验。

AI 在音乐教育中也有着广泛的应用。例如，AI 可以帮助学生学习音乐，通过智能辅导系统提供个性化的学习建议和练习方案。AI 还可以通过分析学生的演奏数据，制订个性化的学习计划，帮助学生更有效地学习音乐。

除了以上音乐领域的 AI 应用，实际上，近年来在心理学领域兴起了一个"音乐疗愈"的概念，甚至在一些高校中开设了音乐疗愈的学位课程，我们一起来看看：AI 还可以在音乐疗愈中发挥作用。例如，AI 可以根据患者的健康状况和情绪，生成有助于放松和疗愈的音乐。在加拿大，研究人员开发了一种 AI 音乐疗愈系统，通过分析患者的生理数据，生成个性化的疗愈音乐，帮助他们缓解压力和焦虑。AI 还可以帮助治疗师制定音乐疗愈方案，提高疗愈效果。

## 8  进军影视圈

人工智能在电影制作中的应用越来越广泛，它能帮助电影制作团队实现许多以前难以想象的事情。让我们一起来看看 AI 是怎么在电影制作中发挥作用的吧。

AI 是怎么帮助电影制作的呢？

首先，AI 可以帮助电影制作团队快速生成特效、场景和角色设计，节省制作时间和成本。例如，AI 被用来生成逼真的特效和复杂的场景。通过 AI 技术，制作团队可以创建出高质量的视觉效果，提升电影的观赏性。此外，AI 还可以帮助设计逼真的角色表情和动作，让动画和特效更加生动。例如，电影《阿凡达》中的角色就是通过 AI 技术生成的，其逼真的表情和动作给观众留下了深刻的印象。

其次，AI 可以帮助电影制作团队分析观众喜好和市场趋势，提供创作建议，提高电影的票房和口碑。通过分析大量的观众数据，AI 可以预测观众对不同类型电影的反应，帮助导演和编剧创作出更受欢迎的作品。例如，Netflix 利用 AI 分析观众的观看习惯和偏好，推荐个性化的电影和电视剧，成功提高了用户满意度和平台的订阅量。AI 还可以帮助制片人选择最佳的上映时间和宣传策略，最大化电影的市场表现。

AI 还可以在电影创作中具体发挥哪些作用呢？

AI 可以通过分析大量的电影数据和观众反馈，为电影创作提供参考和灵感。比如，AI 可以分析经典电影的成功因素，如故事结构、角色设定和叙事手法，帮助编剧和导演创作出更吸引人的故事情节。有影视公司已使用 AI 技术分析过去的电影数据，预测新片的市场表现和票房潜力，帮助决策电影项目的投资和制作。

AI 还可以帮助导演和编剧快速生成剧本和故事情节，提高创作效率。例如，AI 可以根据输入的关键词和情节设定，生成初步的剧本和对话，供编剧参考和修改。在我国，研究人员开发了一种 AI 剧本创作工具，能够根据输入的情节大纲生成完整的剧本，为编剧提供创作灵感和参考。

另外，AI 还可以帮助制片人预测电影的市场表现，降低投资风险。通过分析电影市场的历史数据和当前的市场趋势，AI

可以预测新片的票房和观众反应，帮助制片人做出更明智的投资决策。例如，有科技工作者已开发出一种 AI 电影分析平台，可以预测电影的市场表现和票房，为制片人提供数据支持。

未来，AI 可以成为电影制作的重要工具，帮助电影人实现更加丰富和多样化的创作。在我国，《哪吒》《姜子牙》等影片使用 AI 技术生成复杂的视觉效果和动画，结合科幻与艺术，为观众带来了独特的观影体验。

AI 还可以帮助电影人挖掘更多未知的创作可能性，开拓电影的艺术领域。比如，AI 可以根据不同的艺术风格和表现手法，生成独特的电影画面和场景，提升电影的艺术价值。在法国，研究人员利用 AI 技术生成超现实主义的电影场景，为电影创作带来了新的可能性。

另外，AI 还可以帮助电影人创作出更加个性化和贴近观众需求的作品。未来，AI 可以根据观众的情感和心理状态，调整电影的节奏和情节，让观众沉浸在一个定制化的电影体验中。例如，在德国，研究人员开发了一种情感识别 AI，通过分析观众的面部表情等，实时调整电影的情节和画面，为观众们带来

讲给青少年的人工智能

更深刻的情感体验。

　　总的来说，AI 在电影制作中有着巨大的潜力，它能够帮助电影人实现更加丰富和多样化的创作，为电影界带来新的可能性。

---

### 知识拓展：影视特效

　　影视特效，顾名思义，就是在电影、电视和动画中通过各种技术手段制作出来的特殊效果。这些效果包括让人飞起来、魔法、精灵和其他不可能在现实中拍摄出的场景。影视特效，让影视和动画变得更加精彩和逼真，让我们可以看到那些在现实生活中无法实现的画面。

　　影视特效是如何制作的呢？其实，它们是通过一系列复杂的技术和工具来实现的。以下是一些常用的影视特效技术：

　　1. 计算机生成图像

　　计算机生成图像（Computer-Generated Imaging CGI），是指使用电脑软件制作的虚拟图像。CGI 可以创建出逼真的人物、动物、风景和其他物体。比如，你在电影中看到的恐龙和外星人，大多数都是通过 CGI 技术制作出来的。

2. 绿幕技术

绿幕技术是一种非常常见的影视特效技术。演员在绿色的背景前表演，然后将这个背景替换成其他图像或视频。这就好像是给演员换了一个场景，比如从房间里瞬间变到外太空。

3. 动作捕捉

动作捕捉是一种用来记录演员动作的技术。演员穿上带有传感器的特制服装，传感器会记录下他们的动作，然后这些数据会被用来在电脑中创建动画人物。这种技术常用于制作逼真的动画角色，比如《阿凡达》中的纳美人。

4. 迷你模型

在有些电影中，为了拍摄一些难以实现的大场景，会先制作一个小型的模型，然后拍摄这个模型，再通过电脑特效让它看起来像是真实的场景。

讲给青少年的人工智能

影视特效技术在过去几十年中取得了巨大的进步。现在，我们可以看到更加逼真和震撼的特效场景。现代的影视特效已经不再仅仅依赖于单一的技术，而是多种技术的结合。比如，一部科幻电影可能会同时使用 CGI、动作捕捉和绿幕技术，以达到最佳的效果。

影视特效广泛应用于电影、电视剧、广告和视频游戏中。以下是几个具体的例子：

1. 在电影中，特效可以让观众看到不可能发生的事情。比如，科幻电影中行走的恐龙等，都是通过特效实现的。

2. 许多电视剧也使用特效来增强视觉效果。

3. 在广告中，特效可以让产品看起来更吸引人。比如，一些汽车广告会使用特效展示汽车在各种极限环境中的表现。

4. 视频游戏中的特效使游戏画面更加逼真和震撼。

随着科技的进步，影视特效也在不断创新。以下是一些最新的创新方向：

1. 虚拟现实（VR）和增强现实（AR）

VR 和 AR 技术可以让观众更加沉浸在电影和游戏中。VR 头戴设备可以让你感觉自己真的在电影或游戏的世界里，而 AR 可以将虚拟的物体叠加在现实世界中，比如让恐龙出现在你的客厅里。

2. 人工智能（AI）

人工智能正在改变影视特效的制作过程。AI 可以自动生成特效、优化图像处理，还可以帮助制作更加逼真的动画角色，这大大提高了特效制作的效率和质量。

3. 高动态范围（HDR）和 4K 技术

HDR 和 4K 技术可以让电影和游戏画面更加清晰和细腻。HDR 可以显示更多的颜色和细节，而 4K 分辨率可以让图像更加锐利。结合特效，这些技术可以带来更加震撼的视觉体验。

## 9　你的机器人朋友是"话痨"吗？

你们知道聊天机器人吗？它们运用了一种有趣的人工智能技术。那么，它们是怎么和我们对话的呢？

聊天机器人使用前文提到的自然语言处理（NLP）技术来理解我们输入的文字，并生成合适的回复。当我们和聊天机器人对话时，它会分析我们的输入，识别关键词和语境，然后根据事先学习到的知识和规则，生成回复。这个过程类似于我们和朋友对话时的交流方式。比如，社交媒体平台上有许多聊天机器人，可以帮用户订餐、查询天气，甚至是预约理发。

那么，聊天机器人的工作原理是什么？

聊天机器人通常使用一种叫作"序列到序列（Seq2Seq）"的模型来进行对话。这种模型包含两个部分：编码器和解码器。编码器负责将我们输入的文字转换成一种语义表示，解码器则负责将这种语义表示转换成回复。通过这种方式，聊天机器人可以理解我们的意图，并生成合适的回应。例如，在中国，微信的聊天机器人使用先进的 Seq2Seq 模型，为用户提供智能回

讲给青少年的人工智能

复和服务，极大地方便了用户的日常生活。

聊天机器人还有什么其他功能吗？

聊天机器人不仅能进行日常对话，还能处理各种复杂的任务。比如在医疗领域，聊天机器人可以帮助患者进行初步诊断，提供健康建议。在英国，国家医疗服务系统（NHS）就使用了一种叫作 Babylon 的 AI 聊天机器人，通过分析患者的症状，提供初步的诊断建议，减轻了医院的负担。此外，聊天机器人还可以帮助处理客户服务。比如，许多电商平台使用 AI 客服机器人，帮助用户解答问题、处理订单，大大提高了客户服务的效率。

未来，聊天机器人的应用将会更加广泛和深入。比如在教育领域，聊天机器人可以作为智能助教，帮助学生学习知识，回答问题。在我国，一些学校已经开始使用聊天机器人帮助学生学习英语，通过对话练习，提高学生的口语能力。在家庭生活中，聊天机器人可以作为智能助手，帮助我们管理日常事务，如安排行程、提醒日程等。又比如，家用机器人 AlphaGo 已经能够帮助家庭成员安排日程、提醒重要事件。

那聊天机器人还能做什么有趣的事情呢?

聊天机器人还能在娱乐和社交中发挥重要作用。比如在游戏领域,聊天机器人可以作为游戏角色,与玩家进行互动,增加游戏的趣味性。在社交平台上,聊天机器人可以帮助用户找到志同道合的朋友,推荐有趣的活动和内容。在北美,Snapchat 聊天机器人通过与用户的互动,推荐个性化的内容和活动,增强了用户的社交体验。

此外,聊天机器人还可以帮助企业进行市场营销和客户关系管理。通过分析客户的对话数据,聊天机器人可以了解客户的需求和偏好,提供个性化的产品推荐和服务。在印度,一些大型企业使用聊天机器人进行市场调研和客户反馈收集,提高了市场营销的精准度和效果。

聊天机器人还可以在应急管理中发挥作用。例如,在自然灾害中,聊天机器人可以通过与受灾群众的对话,收集信息,提供紧急救援和指导。

此外,聊天机器人还可以在心理健康领域提供帮助。通过与用户的对话,聊天机器人可以识别用户的情绪变化,提供心

讲给青少年的人工智能

理疏导和支持。在澳大利亚，一些心理健康机构使用聊天机器人帮助用户缓解压力和焦虑，提供情感支持和建议。

## 知识拓展：即时通讯工具和社交媒体平台

即时通讯工具和社交媒体平台是我们日常生活中非常重要的工具，它们让我们能够随时随地和朋友、家人保持联系。让我们来看看这些工具在中国的发展历史、用户规模、使用习惯，以及它们如何改变了我们的生活。

在中国，即时通讯工具的发展可以追溯到 1999 年，当时腾讯推出了第一个重要的即时通讯软件 QQ。它的诞生让人们第一次能够通过网络聊天、发送文件和图片。随着互联网的发展，它迅速普及，成了很多人日常沟通的主要工具。

2011 年，腾讯又推出了微信，这是一款功能更为强大的即时通讯工具。微信不仅可以发送文字消息、语音消息、视频通话，还可以用来发朋友圈，分享生活中的点滴。微信的出现改变了人们的沟通方式。

除了微信，中国还有很多其他受欢迎的社交媒体平台。例如，微博是一个这样的平台：人们可以在上面发布短消息和图片，关注感兴趣的人和话题。这些平台的出现，让人们有了更多展示自我和娱乐的方式。

随着这些工具的发展，人们的生活方式也发生了很大的变化。以前，人们主要通过电话和短信来沟通，而现在，大部分人都使用微信等即时通讯工具。我们可以随时随地地发送消息、语音和视频，和朋友分享我们的生活。社交媒体平台让我们能够更方便地获取信息、表达自己的观点，还能认识更多有相同兴趣的人。

未来，即时通讯工具和社交媒体平台可能会变得更加智能和个性化。例如，通过人工智能技术，这些平台可以更好地理解用户的需求，推荐更合适的内容。虚拟现实（VR）和增强现实（AR）技术也可能被更多地应用，让我们在这些平台上的互动更加真实和生动。

技术原理

即时通讯工具:

实时通信协议:即时通讯工具使用的关键技术之一,如 XMPP (Extensible Messaging and Presence Protolol),它是一种可拓展的、开放式的并将数据类型标记好的实时通信协议;该协议允许客户端和服务器之间进行快速、连续的数据交换,使得消息可以在发送后几乎立即到达接收方。

数据加密:为了保护用户的隐私和数据安全,即时通讯工具采用了各种加密技术。例如,微信使用了端到端加密,确保消息在传输过程中不会被第三方窃听。

服务器集群:为了处理大量的用户和消息,即时通讯工具通常使用分布式服务器集群。这些服务器分布在全球各地,确保用户无论在哪里都能获得快速、可靠的服务。

社交媒体平台:

内容推荐算法:社交媒体平台依赖于复杂的推荐算法,这些算法会分析用户的兴趣和行为,为用户推荐他们可能感兴趣的内容。

云存储和计算：社交媒体平台需要存储大量的用户数据和内容，这些数据通常存储在云服务器上。云计算技术允许平台高效地处理和存储海量数据，确保用户能够随时访问他们的内容。

图像和视频处理技术：为了提供高质量的图像和视频服务，社交媒体平台使用了多种图像和视频处理技术。这些技术包括视频压缩、图像识别和增强现实（AR），使得用户能够轻松地创建和分享丰富多彩的内容。

## 功能要点

### 1. 即时通讯工具

消息发送与接收：用户可以发送文字消息、语音消息、图片和视频，并能实时接收回复。

语音和视频通话：支持一对一和多人语音通话、视频通话，方便用户进行面对面的沟通。

群聊和朋友圈：用户可以创建群聊，方便团队沟通；朋友圈功能让用户可以分享生活点滴，查看朋友的动态。

讲给青少年的人工智能

2. 社交媒体平台

内容发布与分享：用户可以发布文字、图片、视频等多种形式的内容，并与朋友或公众分享。

实时互动：支持点赞、评论、分享等互动功能，增强用户之间的交流和互动。

个性化推荐：通过分析用户行为，平台会推荐用户感兴趣的内容，提高用户的使用体验。

# 四

# AI 时代新职业的思考

气候小侦探秒测气候变化

神算子AI「天气预报员」

智能小管家可以无比贴心

农民好帮手，种地又种树

「交管员」AI指挥交通不堵塞

体育教练AI王者带你夺冠

救援AI出动救人分秒必争

导购AI让购物变得更有趣

医生AI出诊啦

医生助手上线，贴心服务

健康顾问AI，助你更强壮

旅行家AI，体验精彩旅程

# 1 气候小侦探秒测气候变化

AI 可以通过分析大量的气象数据和气候模型，帮助科学家更好地理解气候变化的趋势和影响。让我们一起来看看吧。

AI 通过分析气象数据来监测气候变化。气象数据包括大气压、温度、湿度、风速等多种参数，这些数据可以通过气象站、卫星等设备收集。AI 可以通过分析这些数据，识别出气候变化的模式和规律；AI 可以快速处理和分析海量数据，发现气候变化的微小趋势和异常现象，帮助科学家预测未来的气候变化。

AI 可以帮助科学家建立和优化气候模型。气候模型是一种数学模型，用来模拟地球大气、海洋和陆地系统之间的相互作用，从而预测未来气候变化的情况。AI 可以通过分析气象数据和地球系统模型，优化模型参数，提高模型预测的准确性。例如，在欧洲，欧盟的"哥白尼气候变化服务"项目利用 AI 技术改进气候模型的精度，帮助预测未来的气候变化趋势和可能影响。通过这种方式，科学家可以更准确地模拟和预测气候变化，制定更加有效的应对措施。

AI 还能做些什么呢？ AI 还可以帮助科学家识别气候变化的影响。通过分析遥感数据和地理信息数据，AI 可以帮助科学家监测气候变化对生态系统和人类社会的影响。例如，在我国，研究人员利用 AI 技术分析卫星图像，监测北极冰川和海冰的变化，预测海平面上升的趋势。这些信息对于保护北极生态系统和应对海平面上升带来的挑战非常重要；AI 还可以分析气候数据和农业数据，帮助农民调整种植策略，应对气候变化的影响；在印度，AI 技术被用于预测季风降雨和干旱情况，帮助农民选择合适的种植时间和作物品种，提高农业生产的稳定性和抗风险能力。

未来，AI 在监测气候变化方面的应用可能会更加广泛。例如，AI 可以帮助科学家开发更准确的气候模型，预测更精确的气候变化趋势。在澳大利亚，研究人员正在开发一种 AI 系统，通过分析大气和海洋数据，实时预测极端天气事件如飓风和洪水的发生，帮助政府和社区提前做好防灾准备。AI 还可以帮助政府和组织制定更有效的气候变化应对策略，减少灾害风险和损失。在英国，政府利用 AI 技术分析气候变化对城市基础设施的影响，制订城市适应计划，确保城市在极端天气事件中的安全和韧性。

事实上，AI 在全球各地都有广泛的应用。例如，在非洲，联合国环境规划署利用 AI 技术监测撒哈拉沙漠的扩展和气候变化对当地生态系统的影响，帮助制定环境保护政策。在南美洲，巴西的研究人员使用 AI 分析亚马孙雨林的遥感数据，监测森林砍伐和气候变化对雨林的影响，保护地球上最大的热带雨林。此外，在中国，AI 技术被用于监测和预测黄河和长江的水文变化，帮助管理和保护这些重要的水资源。

总的来说，AI 在监测气候变化方面发挥着越来越重要的作用。它可以帮助科学家更好地理解气候变化的趋势和影响，为应对气候变化提供更有效的支持。虽然 AI 在这个领域还在不断发展和完善中，但我们可以期待未来 AI 在气候变化监测方面的更多应用，为保护地球环境作出更大的贡献。

## 2　神算子 AI "天气预报员"

AI 在天气预测方面发挥着重要作用，它能够帮助我们更好地了解和应对天气变化。让我们一起来看看 AI 是怎么预测天气的吧。

首先，天气预测需要收集大量的天气数据。这些数据包括气温、湿度、风速、气压等信息，可以通过气象站、卫星和其他传感器收集。气象站是地面上的设备，可以测量温度、湿度、风速和气压。卫星在太空中运行，能够拍摄地球的图像，监测云层、海洋和陆地的变化。其他传感器，比如浮标和气球，可以在海洋和大气中收集数据。

收集这些数据后，AI 怎么用它们来预测天气呢？

AI 通过分析这些数据，建立模型来预测未来的天气情况。AI 使用的主要技术是机器学习，特别是深度学习。通过训练大量的数据，AI 可以学习到天气模式和规律，从而做出准确的预测。比如，使用 AI 技术分析海量的气象数据，改进天气预报的精度和时效。AI 可以识别出复杂的天气模式，比如飓风的路径和强度变化，帮助我们提前做好准备。

那未来 AI 在天气预测中还有什么应用可能呢？

未来，随着技术的进步，AI 在天气预测中的应用将更加广泛。例如，AI 可以帮助农民合理安排农作物的种植时间，以应对气候变化带来的影响。在印度，AI 技术被用来预测季风降雨，帮助农民选择最佳的播种时间，减少农作物受灾风险。AI 还可以帮助城市规划者更好地应对极端天气事件，减少灾害损失。在我国，AI 技术被用来预测台风和暴雨的发生，为城市管理者提供决策支持，减少洪水和风灾的影响。

AI 在全球各地都有广泛的应用。

例如，在欧洲，欧洲中期天气预报中心（ECMWF）使用 AI 技术分析大气和海洋数据，提供高精度的全球天气预报。AI 可以预测极端天气事件如热浪和暴雨，帮助各国提前做好应对准备。

在非洲，AI 技术被用于预测干旱和洪水的发生，帮助当地社区管理水资源，减少自然灾害的影响。

那 AI 还能做什么其他有趣的事情呢？ AI 不仅可以帮助预

测天气，还能在许多其他领域发挥重要作用。例如，AI可以用于环境监测，帮助我们保护自然资源。在澳大利亚，AI技术被用来监测珊瑚礁的健康状况，预测气候变化对海洋生态系统的影响。AI还可以用于能源管理，通过预测能源需求，优化电力和可再生能源的使用。在德国，AI技术被用来预测太阳能和风能的产量，帮助电网管理能源供应，提高能源利用效率。

总的来说，AI在天气预测和其他应用领域有着巨大的潜力。它能够帮助我们更好地了解和应对天气变化，为我们的生活带来更多便利和安全。让我们期待AI在未来的发展和应用中，为我们的世界带来更多的惊喜和创新吧。

---

**知识拓展：AI 之 "网络安全"**

AI在网络安全方面也发挥着重要作用。让我们一起来看看AI是如何保护我们的网络安全的吧。

首先，AI可以通过分析网络流量，检测异常活动。网络流量包括从电脑、手机等设备传输的数据，AI可以通过学习正常的网络行为，识别出异常和潜在的威胁。例如，

讲给青少年的人工智能

许多公司使用 AI 技术监控网络，实时监测和阻止网络攻击。AI 可以识别出恶意软件的行为模式，及时隔离受感染的设备，防止病毒扩散。

其次，AI 可以帮助预测和预防网络攻击。通过分析大量的网络数据和攻击模式，AI 可以识别出潜在的威胁和漏洞。例如，在以色列，许多网络安全公司使用 AI 技术预测网络攻击，帮助企业加强网络防护。AI 可以自动更新防火墙规则，阻止已知的攻击手段，提高网络安全的整体防御能力。

未来，AI 在网络安全方面的应用将更加广泛和深入。例如，AI 可以帮助企业自动化处理网络安全事件，减少人为错误和响应时间。一些金融机构使用 AI 技术自动处理网络攻击，确保客户数据的安全。AI 还可以用于身份验证，识别用户的行为模式，防止身份盗用和欺诈行为。在澳大利亚，AI 技术被用来分析用户的登录行为，检测异常登录，防止账户被盗。

AI 在全球各地的网络安全领域都有广泛应用。例如，在中国，许多互联网公司使用 AI 技术保护用户数据，防止网络攻击。AI 可以实时分析海量的网络数据，快速检测和响应威胁，提高网络安全的防护能力。

AI 还可以用于教育，提高网络安全意识和技能。在加拿大，一些学校使用 AI 技术开发网络安全教育平台，通过模拟网络攻击和防御场景，帮助学生学习网络安全知识和技能。AI 还可以用于研究，帮助科学家和工程师开发新的安全技术和防御手段，提高网络安全的整体水平。

总的来说，AI 在网络安全方面有着巨大的潜力，它能够帮助我们保护网络，确保数据和信息的安全。

## 3 智能小管家可以无比贴心

　　智能家电就是那些可以通过互联网连接并具有智能化功能的家用电器。你可以想象一下，如果你的冰箱可以知道里面的食物是否快要过期，或者你的洗衣机可以根据衣物的种类和数量自动选择最佳洗涤程序，那该有多方便呀。

　　智能家电还有什么不一样的功能呢？

　　智能家电的发展已经让我们的生活变得更加便利和舒适。比如，智能冰箱可以帮助你管理食物库存，提醒你什么时候该买菜。在西方，许多家庭已经在使用这种智能冰箱。例如，已有科技团队研发出配备内置摄像头和智能软件的冰箱，可以实时查看冰箱内的食物，还能通过手机 App 提醒你哪些食物即将过期，甚至能自动生成购物清单。当你在超市购物时，只需打开手机，就能知道家里还需要哪些食物。

　　智能洗衣机也很有趣，它们可以根据衣物的情况自动调整洗涤方式，省时省力又省水。在一些地区，智能洗衣机开始使用 AI 技术，根据衣物的材质和脏污程度，自动选择最佳的洗涤程序。这不仅可以节约用水和洗涤剂，还能保护衣物，延长衣物的使用寿命。

　　未来，随着人工智能技术的不断发展，智能家电将会变得更加智能化和个性化。例如，智能冰箱可以根据你的饮食习惯和健康状况为你推荐食谱。在中国，部分家庭智能冰箱已经开始引入这种功能，它可以分析你的健康数据和饮食偏好，推荐健康食谱，还能告诉你如何使用冰箱里的食材制作美味佳肴。

　　智能洗衣机也会变得更加智能。例如，它们可以根据天气预报提前为你洗好衣服。在欧洲，有一些科技公司生产的智能洗衣机可以连接到互联网，获取最新的天气信息。如果预计第二天会下雨，它会提前洗好衣服，确保你有干燥的衣物穿。同时，这种洗衣机还可以通过手机 App 远程控制，让你在外出时也能随时洗衣。

　　智能家电还可以做什么其他有趣的事情呢？智能家电不仅是冰箱和洗衣机，许多其他家电也变得智能化了。例如，智能烤箱可以根据食谱自动调整温度和烘焙时间，确保每次烘焙都能成功。有科技工作者已开发出一种智能烤箱，通过内置摄像头和 AI 技术，可以识别放入烤箱的食物，并自动选择最佳的烘焙程序。这不仅省去了手动设置的麻烦，还能保证食物的口感和质量。

智能吸尘器也是一个很好的例子。它们可以自主导航和清洁，自动避开障碍物，并且在电量不足时自动返回充电。在我国，自主品牌的智能吸尘器可以通过手机 App 设置清洁区域和时间，还能记录清洁路线和时间，确保每个角落都能被清洁到。

另外，智能音箱也是智能家居的一部分。它们可以播放音乐、回答问题、控制其他智能家电。例如，有科技工作者研发出一类音箱，搭载了 AI 语音助手，可以帮你控制家中的灯光、温度、门锁等设备，只需通过语音命令，就能轻松控制整个家。

总的来说，智能家电的发展将会让我们的生活变得更加便捷和舒适，让我们享受到科技带来的便利和快捷。未来的智能家电不仅会更加智能化和个性化，还会更多地融入我们的日常生活，成为我们生活中不可或缺的一部分。让我们期待这些智能家电为我们的生活带来更多的惊喜和便利吧。

## 知识拓展：物联网

物联网技术（Internet of Things，简称 IoT）是指把各种物品通过互联网连接起来，让它们可以相互通信和合作。比如，你的玩具、家里的冰箱、空调，甚至是你的书包，都可以通过物联网连接在一起，变得更加智能。

物联网技术的特点：

1. 互联互通：各种设备可以通过互联网连接在一起，它们之间可以互相交流和合作。比如，你可以用手机远程控制家里的灯光和空调。

2. 智能化：物联网设备可以收集和分析数据，然后做出智能决策。比如，智能手表可以记录你的步数和心率，并给你健康建议。

3. 自动化：物联网设备可以根据设定的规则自动执行任务。比如，智能浇水系统可以根据土壤湿度自动浇水，不需要人手动操作。

研究物联网技术愈加重要，因为它能为我们的生活带来很多便利：

1. 提高生活质量：物联网技术让我们的生活更加方便和舒适。比如，智能家居系统可以自动调节温度、灯光和安全系统，让你回到家时感到温暖和安心。

2. 节约资源：物联网可以帮助我们更好地管理和利用资源。比如，智能电表可以记录用电量，帮助你合理用电，节约能源。

3. 提高效率：物联网技术可以提高工作和生产的效率。比如，智能工厂可以通过物联网设备自动化生产，提高生产效率，减少浪费。

4. 保障安全：物联网技术可以帮助我们提高安全性。比如，智能安防系统可以通过摄像头和传感器监控家里的情况，发现异常时及时报警。

## 4　农民好帮手，种地又种树

让我们来详细看看 AI 是如何帮助农民种植作物的吧。

首先，AI 可以通过分析土壤和气候数据，来帮助农民更好地管理农田。比如，它可以告诉农民哪里需要更多的水，哪里需要施肥，从而帮助他们更科学地种植作物。例如，农业科技公司，利用 AI 分析土壤数据和天气预报，为农民提供精准的灌溉和施肥建议。这不仅可以提高作物产量，还能节约水资源和肥料。

其次，AI 还可以帮助农民监测作物的生长情况，及时发现病虫害，并提供相应的解决方案。这样，农民就能更及时地采取措施，保护作物的生长。在荷兰，温室种植技术结合了 AI 监测系统，可以实时监测温室内的温度、湿度和光照情况，确保植物在最佳环境下生长。AI 系统还可以识别植物的健康状况，及时发现病虫害并提出相应的处理措施，大大提高了农作物的质量和产量。

一个实际的例子是智能农业。在亚洲一些地区，人工智能被广泛应用于农业生产中。例如，有一种智能农机叫作"自动驾驶拖拉机"，它能够根据预先设定的路线自动在田间劳作，不但提高了工作效率，还减少了对环境的污染。这个智能农机，不仅配备了 GPS，还配备了 AI 系统，可以精确控制耕作路线和深度，确保土地得到充分利用。

例如，有这么一家农业科技公司，他们开发出了一种名为"See & Spray"的智能农机，这种机器可以通过摄像头和 AI 系统识别杂草，并精准喷洒除草剂，而不是像传统方式那样大面积喷洒。这不仅减少了除草剂的使用量，降低了对环境的影响，还提高了农作物的健康度和产量。

未来，随着人工智能技术的不断发展，我们可以期待更多智能农业的应用。例如，智能机器人可以通过学习不同作物的生长规律，自动调整种植方案，从而提高作物的产量和质量。在澳大利亚，研究人员正在开发一种"农田机器人"，这种机器人能够通过传感器和 AI 系统，实时监测土壤的湿度和养分含量，自动调整灌溉和施肥策略，确保作物在最佳条件下生长。

另外，AI 还可以帮助农民进行精准农业管理。通过卫星遥感和无人机技术，AI 可以对大面积农田进行实时监测，发现作物生长的任何异常情况，并及时提供解决方案。在巴西，许多大型农场已经开始使用无人机结合 AI 技术，进行大面积的农田监测和管理。这种技术不仅提高了农业生产的效率，还减少了对环境的影响。

那 AI 还能做什么有趣的事情呢？ AI 不仅能帮助农民种植作物，还能帮助解决全球粮食安全问题。例如，在非洲，许多地区的农民因为缺乏资源和技术，农业生产效率低下。AI 技术可以帮助这些地区的农民提高生产效率，增加粮食产量。在肯尼亚，AI 技术被用来开发一个叫作"Hello Tractor"的平台，通过这个平台，农民可以租用智能农机，提高耕作效率，增加粮食产量。

AI 还可以帮助农业研究人员开发新的农作物品种，提高作物的抗病性和适应性。这不仅提高了粮食产量，还帮助当地农民增加了收入。

### 知识拓展：卫星遥感

卫星遥感（Satellite Remote Sensing）是指利用卫星在太空中拍摄地球表面的图像和数据。你可以把它想象成在太空中有一个高端相机，它能拍到地球的照片，并且能看到很多我们在地面上看不到的东西。这些数据和图像能帮助科学家和研究人员了解地球的很多情况。

**卫星遥感有几个特点**

**高视角**：卫星在太空中，可以看到地球的很大一部分，甚至整个地球。这样它能拍到非常广阔的区域。

**全天候**：有些卫星可以在白天和黑夜都拍摄到地球的图像，并且能穿透云层，看清楚地面情况。

**多波段**：卫星遥感不仅能拍到可见光的图像，还能拍到红外线、紫外线等不同波长的图像，这些图像能告诉我们更多的信息。

卫星遥感的研究意义

1. 环境监测：卫星遥感可以帮助科学家监测森林、湖泊、海洋和冰川等自然环境的变化。比如，它能看到森林被砍伐的情况，帮助保护环境。

2. 气候变化：通过长期监测地球表面的温度、冰川融化和海平面上升等情况，科学家能更好地了解和研究气候变化，采取措施保护我们的地球。

3. 农业管理：农民可以利用卫星遥感的数据来了解土壤和作物的生长情况，合理安排种植时间和方式，提高农作物的产量。

4. 灾害监测：卫星遥感还能帮助监测自然灾害，比如洪水、地震、火山喷发等。当灾害发生时，卫星遥感能快速提供受灾区域的情况，帮助救援工作。

## 5　"交管员"AI指挥交通不堵塞

AI在交通管理方面有着非常重要的作用。让我们一起来看看AI是如何帮助交通变得更加顺畅的吧。

首先，AI通过监控道路上的交通情况，例如车辆的数量和速度，来了解道路的实时情况。AI可以使用摄像头、传感器和GPS设备收集这些数据。这些设备可以安装在交通信号灯、路边和车辆上，实时监控交通流量。然后，AI会根据这些数据来调整交通信号灯的时间，使交通更加顺畅。如果某条路上有很多车辆，交通信号灯就会让这条路上的车辆优先通过，这样就能减少拥堵，让交通更加流畅。

一个实际的例子是新加坡的智能交通系统。

在新加坡，人工智能被用来控制交通信号灯，监控交通流量，并帮助调整道路上的车辆流动。通过这些措施，新加坡的交通变得更加有序，交通拥堵情况得到了显著改善。新加坡的"智能交通管理系统"（ITMS）利用AI分析实时交通数据，预测交通流量变化，并动态调整信号灯的时间，确保道路畅通无阻。

在北美，一些一线城市也采用了类似的智能交通系统，名为自适应交通控制系统（ATCS）。这个系统使用 AI 技术分析道路上车辆的实时数据，并根据交通流量动态调整信号灯的时间设置。结果显示，这个系统大大减少了高峰时段的交通拥堵，提高了交通效率，减少了通勤时间。

未来 AI 在交通方面还有什么可能的发展呢？

未来，随着人工智能技术的不断发展，我们可以期待更多智能交通管理系统的应用。例如，智能交通控制中心可以通过分析大量的交通数据，预测未来交通情况，并采取相应的措施来避免交通拥堵。在德国，柏林的智能交通项目正在开发一种 AI 系统，可以预测未来 30 分钟内的交通流量变化，并提前调整交通信号灯和道路规划，避免可能出现的交通堵塞。

此外，前文提到的自动驾驶汽车的普及也将大大改善交通状况。自动驾驶汽车可以通过 AI 技术相互通信，协调行驶，减少交通事故和交通堵塞。目前，有一些科技公司正在测试自动驾驶出租车服务。这些自动驾驶汽车通过 AI 技术实时分析交通状况，选择最佳路线，避免交通拥堵，并提高交通效率。

那 AI 还能做什么其他有趣的事情呢？AI 不仅能帮助管理交通信号灯和自动驾驶，还能通过智能停车系统改善停车问题。在法国巴黎，AI 技术被用于开发智能停车系统，可以实时监控停车位的使用情况，并通过手机应用向驾驶员提供空闲停车位的信息。这不仅减少了寻找停车位的时间，还减少了因寻找停车位而导致的交通拥堵。

AI 还可以用于公共交通系统的优化。通过分析公交车和地铁的乘客流量数据，AI 可以优化公交车和地铁的调度和路线安排，提高公共交通的效率和乘客满意度。在我国，AI 技术被用来优化地铁和公交车的运行计划，根据实时乘客流量动态调整班次和路线，减少乘客的等待时间，提高出行效率。

总的来说，AI 在交通管理方面有着巨大的潜力。它能够帮助我们实时监控和优化交通流量，提高交通效率，减少交通拥堵和事故。让我们期待 AI 在未来的发展和应用中，为我们的交通世界带来更多的便利和创新吧。

讲给青少年的人工智能

知识拓展：GPS 设备

GPS 设备（Global Positioning System）就是全球定位系统。它是通过卫星来告诉我们所在地球上的位置。

GPS 设备的特点：

定位准确：GPS 设备能非常准确地告诉你所在的位置，有时候甚至能精确到几米以内。这样你就不会迷路了。

全球覆盖：不管你是在城市、乡村，还是在山里、海上，GPS 设备都能工作，因为它使用的是在宇宙中绕地球飞行的卫星。

全天候工作：GPS 设备不受天气影响，不管是晴天、雨天，甚至是下雪天，它都能正常工作。

方便实用：GPS 设备现在被集成在很多常用的设备里，比如手机、手表、车里的导航仪等等，这让我们的生活变得更加方便。

GPS 设备的研究意义：

1. 导航和出行：GPS 设备最常见的用途就是导航。你可以用它来找到去朋友家的路、去公园的路，甚至是在一个完全陌生的城市里找到方向。这样我们就不用担心迷路了。

2. 救援和安全：GPS 设备在紧急情况下也非常有用。如果有人在野外迷路或者发生了意外，救援人员可以通过 GPS 定位快速找到他们，进行救援。

3. 科学研究：科学家们也用 GPS 设备来做很多有趣的研究，比如研究地球的形状和大小、监测火山和地震的活动等等。

4. 物流和运输：公司用 GPS 设备来跟踪货物的运输情况，确保货物能按时送到目的地。这样，我们在网上买的东西就能快速准确地送到我们家里。

## 6　体育教练 AI 王者带你夺冠

事实上，AI 已经运用于体育领域了。

那么 AI 是怎么帮助运动员训练的呢？

首先，人工智能可以通过分析运动员的训练数据来帮助他们优化训练计划。运动员的训练数据包括运动量、速度、力量等多个方面。通过分析这些数据，AI 可以帮助教练们更好地了解每位运动员的训练状态和潜力，从而制订更加精准的训练计划。许多职业体育队伍已经开始使用 AI 技术来优化训练计划，例如，NBA 的达拉斯独行侠队（曾译名小牛队）使用一种名为"Catapult"的系统，这个系统通过传感器实时监测运动员的运动数据，帮助教练团队制定个性化的训练方案。

其次，人工智能还可以帮助运动员提高竞技水平。通过分析比赛数据和对手的表现，AI 可以为运动员提供针对性的建议和策略，帮助他们在比赛中做出更加明智的决策。

在篮球训练中，运动员使用的"智能篮球"。这种篮球内置传感器，可以记录运动员投篮的角度、力度等数据，并通过手机应用分析出投篮的准确度和稳定性。这样，运动员可以根据这些数据调整投篮动作，提高命中率。又例如，有科技公司开发出一种叫"Wilson X Connected"的篮球就具备这样的功能，它可以帮助篮球爱好者和职业运动员提高投篮技术。

在网球训练中，AI 也有很大的应用。例如，法国网球公开赛使用 AI 技术分析球员的比赛数据，提供详细的比赛报告和改进建议。通过分析球员的击球角度、速度和轨迹，AI 可以帮助教练团队制订更加科学的训练计划，提高球员的技术水平。

未来 AI 在体育训练中还有什么可能的发展呢？未来，随着人工智能技术的不断发展，我们可以期待更多智能化的体育训练方式。例如，智能化的训练器材可以根据运动员的实际情况调整训练强度，以达到最佳训练效果。在瑞士，一些滑雪队伍已经开始使用 AI 技术开发智能滑雪板，这种滑雪板可以实时调整滑行速度和角度，帮助运动员提高滑雪技术。

AI 还可以通过虚拟现实（VR）技术帮助运动员进行赛前模拟训练，提前适应比赛环境，增加比赛胜算。大家可能听说过 NFL 的橄榄球队已经开始使用 VR 技术结合 AI 模拟比赛场景，帮助球员提高战术理解和反应能力。

　　总的来说，AI 在体育训练中有着巨大的潜力。它可以通过分析运动数据、优化训练计划、提供比赛策略和进行虚拟模拟训练，帮助运动员提高成绩，让他们在比赛中表现更出色。让我们期待 AI 在未来的发展和应用中，为体育世界带来更多的创新和惊喜吧。

## 7 救援 AI 出动救人分秒必争

人工智能（AI）在灾难救援中发挥着重要作用。它可以帮助救援人员更有效地组织救援行动，提高救援效率，减少损失。让我们来详细看看 AI 是如何在灾难救援中发挥作用的吧。

首先，AI 可以帮助救援人员更好地了解灾情。通过分析卫星图像和社交媒体数据，AI 可以快速确定灾区范围、受灾程度和人员需求，为救援行动提供及时的信息支持。在一些地区会迎来野火季节，美国航空航天局（NASA）使用 AI 分析卫星图像，实时监控火势扩展情况，帮助消防队制定有效的灭火策略。这种技术可以快速识别火灾热点，评估受灾面积，并预测火势的蔓延路径，从而更有效地部署救援资源。

其次，AI 可以帮助救援人员规划最佳的救援路线。通过分析交通流量、道路状况等数据，AI 可以为救援人员提供最短、最安全的救援路线，节省时间，尽快赶到灾区。在中国，AI 技术被用来分析地震后道路损毁情况，快速规划出适合救援车辆的路线，确保救援人员能够迅速到达受灾现场。

AI 还能做些什么呢？ AI 还可以帮助救援人员定位被困者。通过分析通讯信号和移动设备数据，AI 可以帮助救援人员准确找到被困者的位置，快速展开救援行动。例如，在我国，AI 技术被用来分析被困人员的手机信号，帮助救援队伍定位生还者。这种技术不仅能大大缩短搜救时间，还能提高救援成功率。

另外，AI 还可以预测灾害发生的可能性，从而提前采取防范措施。在中国，AI 技术被用来预测洪水，通过分析气象数据和河流水位变化，提前发出预警，帮助居民提前撤离，减少生命和财产损失。

未来，随着 AI 技术的发展，它将在灾难救援中发挥更大的作用。例如，未来的智能救援机器人可以通过 AI 技术，进入受灾区域执行救援任务，如搜救被困者、运送物资等，从而减少救援人员的风险，提高救援效率。

此外，人工智能可以帮助提高灾后重建的效率和质量。通过分析灾区的地理和建筑数据，AI 可以提供重建建议，确保新建的房屋和基础设施更加安全和抗灾。例如，在海地地震后，国际援助机构使用 AI 技术分析灾区重建需求，制订科学的重建计划，提高了重建速度和效果。

那 AI 在其他地方还有什么应用呢？

例如，美国联邦应急管理局（FEMA）使用 AI 技术进行灾害应急响应和资源分配。通过分析历史灾害数据和当前灾情，AI 可以帮助 FEMA 更准确地预测灾害的影响范围，优化资源分配，提高救援效率。此外，AI 还被用于灾后心理辅导，通过分析受灾者的心理状态，提供个性化的心理支持，帮助他们尽快恢复正常生活。

在澳大利亚，AI 技术被用来监测和预测丛林火灾。通过分析气象数据、植被情况和历史火灾数据，AI 可以预测火灾的发生概率和可能的蔓延路径，提前采取防范措施，减少火灾损失。

总的来说，AI 在灾难救援中的应用为救援工作提供了新的思路和方法。它可以帮助救援人员更好地了解灾情、规划最佳救援路线、定位被困者，并预测灾害发生。虽然 AI 在这个领域还在不断发展和完善中，但我们可以期待未来 AI 在灾难救援方面的更多应用，为我们带来更多的安全保障。

## 8  导购 AI 让购物变得更有趣

AI 在网上购物中扮演着越来越重要的角色。它可以帮助我们发现更多我们可能感兴趣的商品，并提供个性化的购物体验。让我们一起来看看 AI 是如何做到的吧。

那 AI 是怎么推荐商品的呢？

首先，AI 可以通过分析我们的购物历史、浏览行为和喜好来推荐商品。比如，如果你经常购买运动鞋，AI 就会推荐更多类似的运动鞋或者运动装备。这样，我们就可以更轻松地找到自己喜欢的商品。电子商城的推荐系统就是一个很好的例子，其使用 AI 技术分析用户的浏览和购买记录，根据这些数据为用户推荐他们可能感兴趣的商品。这不仅提高了用户的购物体验，还大大增加了销售额。

其次，AI 还可以通过分析大量的用户数据来预测商品的热度和潜在需求。这样，商家就可以根据预测结果来调整库存和推广策略，提高销售效率。例如，在中国，电商平台淘宝使用 AI 技术分析用户数据和市场趋势，预测哪些商品将在未来几周

讲给青少年的人工智能

内热卖。这帮助商家更好地管理库存，确保热门商品不会缺货。

AI 还可以帮助我们更方便地搜索和比较商品。比如，你可以通过语音助手告诉 AI 你想买什么，然后它会帮你找到符合你需求的商品，并提供价格比较和用户评价等信息，让你可以更快速地做出购买决策。还有，谷歌助手可以帮助用户通过语音搜索商品，提供价格比较和用户评价，使购物过程更加便捷。

未来，随着 AI 技术的不断发展，我们可以期待更多智能化的购物体验。比如，未来的 AI 可能会根据我们的情绪和需求来调整推荐策略，让购物变得更加个性化和人性化。目前，科技工作者开始研发智能购物助手，它可以分析你的情绪，通过摄像头和语音识别技术判断你是开心、疲惫还是需要安慰，然后推荐适合你当下心情的商品。如果你在一个忙碌的工作日结束后感到疲惫，它可能会推荐一些舒缓的音乐、舒适的家居用品或者美味的零食，让你放松身心。

AI 技术被用于智能购物平台，通过分析用户的消费习惯和生活方式，提供个性化的购物建议和优惠信息。这个平台不仅能推荐你需要的商品，还能根据季节和节日提供特定的购物建议。例如，在圣诞节前夕，平台会推荐一些节日礼品和装饰品，让你提前为节日作准备。

那 AI 在购物过程中还能做什么呢？AI 还可以在购物过程中提供实时的客户服务支持。通过聊天机器人和虚拟助手，用户可以在购物过程中随时咨询问题，获得即时帮助。在英国，时尚电商平台 ASOS 使用 AI 聊天机器人帮助用户回答常见问题、跟踪订单和推荐商品。这个聊天机器人可以 24 小时在线，为用户提供及时的服务，提升购物体验。

另外，AI 可以通过图像识别技术帮助用户搜索商品。比如，你看到一件喜欢的衣服，但不知道在哪里可以买到。你只需要拍一张照片上传到购物平台，AI 就可以通过图像识别技术找到相似的商品，并提供购买链接。许多国内设计师都在用的 Pinterest 推出了一个名为 "Pinterest Lens" 的功能，用户可以通过拍照或上传图片来搜索相似的商品和灵感。这使得购物过程更加直观和有趣。

总的来说，AI 在网上购物中有着巨大的潜力。它可以通过分析数据为我们推荐商品、预测商品热度、提供价格比较和实时客户服务，提高购物效率和体验。让我们期待 AI 在未来的发展和应用中，为我们的购物体验带来更多的创新和便利吧。

---

### 知识拓展：购物体验、客户满意度

什么是购物体验？购物体验就是当我们去商店买东西或者在网上购物时的感受和经历。比如，你在玩具店里看到喜欢的玩具，或者在网上买到心仪的游戏，这些都是购物体验的一部分。

#### 购物体验的特点

1. 环境：商店的环境很重要。如果商店干净整洁、灯光明亮、音乐舒适，我们就会感觉很好，购物体验也会很棒。

2. 服务：店员的态度和服务质量也很重要。如果店员很友好、热情，我们就会有更好的购物体验。

3. 便捷性：如果商品很容易找到，付款很方便，我们也会更喜欢在这样的地方购物。

为什么购物体验很重要？好的购物体验会让我们感到

开心，还会让我们想再来这家店购物。商店和网站会努力提高购物体验，让顾客满意，从而吸引更多的人来购物。

什么是客户满意度?

客户满意度就是顾客对购物体验是否满意。如果顾客觉得购物过程很愉快，买到的东西很喜欢，那么他们的满意度就会很高。

### 客户满意度的特点

1. 产品质量：买到的商品质量好，顾客就会满意。比如，你买的家具结实耐用，你就会很开心。

2. 价格合理：如果商品的价格合理，顾客也会觉得物有所值，满意度就会提高。

3. 售后服务：如果商品有问题，商店能及时解决，顾客也会感到满意。

为什么客户满意度很重要?

高客户满意度会让顾客愿意再次光顾，还会推荐给朋友和家人，这样商店就会有更多的顾客和更好的生意。

研究购物体验和客户满意度可以帮助商店和网站改进他们的服务，让更多的顾客满意。比如：

1. 改进服务：商店可以通过了解顾客的意见，改进服务，提供更好的购物体验。

2. 提升产品质量：通过研究客户满意度，商店可以知道哪些产品受到顾客欢迎、哪些需要改进，从而提高产品质量。

3. 增加客户忠诚度：当顾客对购物体验满意时，他们会更愿意成为回头客，商店也会因此变得更受欢迎。

## 9　医生 AI 出诊啦

人工智能在医学领域的应用越来越广泛，它可以通过分析医学图像、检测生理指标等方式来帮助医生提高诊断的准确性和效率。让我们一起来详细了解一下吧。

AI 是怎么分析医学图像的呢?

首先，AI 可以通过深度学习算法来学习成千上万张医学图像，比如 X 射线、CT 扫描、核磁共振等，从而识别出图像中的病变和异常。通过这种方式，AI 可以帮助医生更快速地发现病变，提高诊断的准确性。例如，斯坦福大学的研究人员开发了一种 AI 系统，能够准确诊断肺炎。这个系统通过分析 X 射线图像，能在非常短时间内识别出是否存在肺炎，大大缩短了诊断时间。

此外，AI 在皮肤癌的诊断中也有重要应用。研究人员开发了一种 AI 模型，通过分析皮肤病变的照片，能够准确判断是否为恶性肿瘤。例如，目前，医学领域有一种名为 DermAssist 的应用，通过手机拍照上传的皮肤病变照片，AI 会进行分析并提供初步诊断建议，帮助用户及早发现皮肤癌。

那 AI 还能做些什么呢？除了医学图像，AI 还可以通过分析生理指标来帮助诊断疾病。比如，AI 可以通过分析心电图来识别心脏疾病的迹象；通过分析血液检测结果来诊断贫血、糖尿病等疾病。这些分析可以帮助医生更全面地了解患者的健康状况，从而制定出更准确的诊断和治疗方案。在英国，国家健康服务（NHS）使用 AI 技术分析患者的心电图数据，能够及早发现心脏病发作的风险，提高了救治成功率。

另外，AI 在癌症诊断和治疗中也有显著应用。比如，Watson for Oncology 就是这样一个 AI 系统，通过分析患者的基因组数据和病历信息，提供个性化的癌症治疗方案。在印度，许多医院已经开始使用这个系统来辅助癌症治疗，提高了治疗效果和患者生存率。

此外，AI 可以在远程医疗中发挥重要作用。通过视频诊疗和 AI 辅助诊断，偏远地区的患者也可以获得高质量的医疗服务。在澳大利亚，偏远地区的医疗资源有限，通过 AI 技术进行远程诊断和治疗，大大改善了当地居民的健康状况。

总的来说，AI 在医学领域的应用是有一定前景的。它可以帮助医生提高诊断的准确性和效率，为患者提供更好的医疗服务。随着 AI 技术的不断发展和完善，我们可以期待未来 AI 在医学领域的更多应用，为我们的健康带来更多的帮助和保障。

## 10 医生助手上线，贴心服务

AI 真的能帮助医生更好地照顾病人吗，它是怎么做到的呢？

AI 在医疗领域的应用越来越广泛，它可以帮助医生提高医疗质量、提高效率，从而更好地照顾病人。

AI 是怎么帮助医生提高医疗质量的呢？

首先，AI 可以通过分析大量的医学数据来辅助医生做出诊断和治疗方案。比如，当医生需要诊断一种罕见病例时，AI 可以通过比对病例数据库中的类似病例，提供更准确的诊断建议。

其次，AI 还可以帮助医生提高诊断速度和准确性。例如，AI 可以通过分析医学影像，帮助医生快速准确地识别出异常情况，提高诊断效率。在英国，国家健康服务（NHS）使用 AI 技术分析胸部 X 光片，能够快速识别肺结核，显著提高了诊断速度和准确性。这使得医生可以更快地开始治疗，提高患者的康复概率。

那 AI 还能做些什么呢？AI 不仅能帮助医生诊断，还能帮助医生更好地进行手术和治疗。通过机器人手术系统，AI 可以帮助医生进行微创手术，减少手术风险和恢复时间。比如，达·芬奇手术机器人（Da Vinci Surgical System）被广泛应用于各种手术中。这个机器人通过 AI 技术，能够帮助外科医生进行精确的微创手术，大大减少了患者的术后疼痛和恢复时间。

此外，AI 还可以通过智能药物设计，帮助医生设计出更有效、更安全的药物，提高治疗效果。在瑞士，诺华制药（Novartis）利用 AI 技术进行药物研发，通过分析大量的生物医学数据，找出潜在的药物靶点，并设计出新药物。这种方法大大缩短了药物研发周期，提高了新药的成功率。

未来，AI 在医疗领域的应用可能会更加广泛。例如，AI 可以帮助医生进行远程医疗，让医疗资源更加均衡。在澳大利亚，远程医疗平台 Telehealth 使用 AI 技术进行远程诊断和治疗，帮助偏远地区的居民获得高质量的医疗服务。AI 分析患者的症状和病历数据，提供诊断建议和治疗方案，使得偏远地区的医生能够更准确地诊治患者。

总的来说，AI 在医疗领域的应用还是有一定前景的。它可以帮助医生提高医疗质量、提高效率，从而更好地照顾病人。

知识拓展：远程医疗

远程医疗的应用

　　1. 日常问诊：我们可以通过视频通话向医生咨询日常问题，比如感冒、发烧等，医生可以通过视频检查我们的症状，给出治疗建议。

　　2. 慢性病管理：对于需要长期治疗的慢性病患者，医生可以定期通过远程医疗跟踪病情，调整治疗方案。

　　3. 心理咨询：远程医疗还可以用于心理咨询，帮助人们解决心理健康问题。

## 11　健康顾问 AI，助你更强壮

AI 可以提供个性化的健康建议。根据每个人的健康状况和生活习惯，AI 可以制订适合的健康计划，包括饮食、运动和生活方式等方面的建议。许多健身应用程序都结合了 AI 技术。比如，应用程序"Fitbit"使用 AI 来分析用户的运动数据，并根据个人的健康目标和日常活动，提供个性化的健身计划和饮食建议。

另外，AI 还可以帮助监测健康状况。通过智能设备和传感器，AI 可以实时监测你的健康数据，如心率、血压、睡眠质量等，及时发现异常并提出警示。例如，智能手环可以监测你的睡眠情况，并提供改善睡眠质量的建议。许多人购买的智能手环已经成为不少人日常健康管理的重要工具。它不仅可以监测心率和行走步数，还可以检测到心房颤动等潜在心脏问题，并及时通知用户就医。

未来，随着 AI 技术的不断发展，它也许将在健康管理中发挥更大的作用。例如，未来的智能健康助手可能会根据你的健康数据和日常习惯，为你制订更加个性化的健康计划，并通过语音或图像交互与你进行互动，帮助你更好地管理健康。

此外，AI 还可以帮助慢性病患者更好地管理病情。比如，糖尿病患者需要定期监测血糖水平，AI 可以通过分析血糖数据，提供个性化的饮食和用药建议。

总的来说，AI 的发展将为我们的健康带来许多好处。AI 可以帮助医生提高诊断的准确性和效率，提供个性化的健康建议，并实时监测健康状况，提前预防潜在的健康问题。虽然 AI 在这个领域还在不断发展和完善中，但我们可以期待未来 AI 在健康管理中发挥更大的作用，为我们的健康带来更多的创新和便利。

## 12 旅行家 AI，体验精彩旅程

喜欢旅游的人不难发现，人工智能可以让我们的旅游体验更加有趣和便捷。它可以帮助我们发现新的旅游景点，提供个性化的旅游建议，甚至在旅途中提供实时的导航和建议。让我们深入了解一下 AI 如何改变我们的旅游方式，并探讨一些具体的应用实例。

首先，AI 可以通过分析大数据来推荐旅游景点。它可以根据我们的兴趣爱好、旅行偏好、过往旅行经历等信息，向我们推荐最适合的旅游目的地。比如，如果你喜欢历史文化，AI 可能会推荐一些具有丰富历史背景的景点；如果你喜欢特色美食，AI 可能会推荐一些美食云集的地方。

其次，AI 还可以帮助我们规划旅行路线。它可以分析交通、住宿、餐饮等信息，为我们提供最佳的路线规划，帮助我们节省时间和精力。例如，AI 可以根据交通状况实时调整路线，避开拥堵，让我们的旅行更加顺利。比如，在欧洲的许多大城市，像伦敦和巴黎，AI 驱动的导航应用"Citymapper"不仅可以实时更新交通信息，还能根据用户的当前所在位置推荐最便捷的公共交通路线，甚至提示何时下车、换乘。

另外，AI 还可以在旅途中提供实时的导航和建议。它可以根据我们的位置和时间，向我们推荐附近的景点、餐馆、商店等，让我们的旅行更加丰富多彩。以中国为例，许多旅游城市的火车站和旅游景点都配备了 AI 导游机器人。这些机器人不仅能用多种语言与游客交流，还能提供详细的景点介绍、路线指引和餐饮推荐，极大地方便了国际游客。

再来看看一些具体的实例。在北美地区，AI 在旅游领域的应用非常广泛。例如，旅游网站 Expedia 利用 AI 技术，根据用户的搜索和预订历史，推荐个性化的旅游套餐和优惠活动。AI 还帮助用户优化旅行计划，例如，通过整合航班、酒店和租车服务，提供一站式的旅行解决方案。这样，用户可以省去大量的时间和精力，享受更顺畅的旅行体验。

未来，随着 AI 技术的发展，它将在旅游领域发挥更大的作用。例如，未来的智能导游机器人可以通过 AI 技术，与游客进行互动，讲解景点的历史和文化，提供旅游建议，让旅游体验更加丰富和有趣。

另外，AI 还可以帮助提升旅游安全。通过分析游客的行为和环境数据，AI 可以预测和预防潜在的安全隐患。例如，在一些国家公园，AI 系统可以实时监测游客的活动和天气变化，及时发出预警，预防危险情况的发生。

总的来说，AI 在旅游领域的应用为我们的旅行带来了更多的便利和乐趣。AI 不仅能提供个性化的旅行建议和路线规划，还能在旅途中提供实时导航和安全保障。但是，我们在享受这些便利的同时，也需要注意保护好个人隐私和数据安全，确保 AI 技术的正确应用。

# 五

# 未来世界、未来生活

未来，我们个个都有超能力

时间管理大师高效轻松安排

秒懂全球语言，环游全世界

带你穿越虚拟世界，酷炫冒险

星辰大海，AI外太空小助理

文物保护，AI来帮助

未来，和AI一起做有趣的事

## 1　未来，我们个个都有超能力

你知道未来的城市会是什么样子吗？随着科技的不断发展，我们正在向着智能城市迈进。那么，你能想象生活在那样的城市里是什么感觉吗？让我们一起来探索一下未来的智能城市吧。

首先，让我们看看未来智能城市的交通系统。未来的城市将会有更智能化的交通系统，例如，自动驾驶汽车、智能交通信号灯等。这些技术将会大大提高交通效率，减少交通事故，让我们的出行更加便捷和安全。举个例子，智能交通信号灯可以通过实时监测交通流量，自动调整信号灯的时长，避免交通拥堵，保障交通顺畅。

其次，未来的智能城市将会有更智能化的能源系统。城市中将会有更多的可再生能源设施，如太阳能板、风力发电等，可以为城市提供清洁能源。同时，智能能源管理系统可以根据城市的能源需求和供应情况，实现能源的高效利用，减少能源浪费。在丹麦的哥本哈根，已经开始部署智能电网，通过实时监控和管理电力的使用和分配，大大提高了能源的利用效率，减少了碳排放。这种智能能源管理系统还可以与家庭和企业的能源设备相连，实现更精确的能源调控。

另外，未来的智能城市还将拥有更智能化的环境监测系统。通过传感器和监测设备，城市可以实时监测空气质量、水质情况等环境指标，及时采取措施保护环境。例如，城市可以根据监测数据调整交通流量、减少污染排放，改善环境质量。在迪拜地区，已经部署了一些空气质量监测设备，实时监测空气中污染物的浓度，并通过智能系统进行数据分析和预测，AI 帮助制定更科学的环保措施，改善城市的空气质量。

未来的智能城市还将拥有更智能化的生活设施和服务。例如，智能家居系统可以实现远程控制家庭设备，提高生活的便捷性和舒适度。在一些国家和地区，智能家居技术已经非常普及，居民可以通过手机应用远程控制家中的照明、温度和安保系统，甚至可以通过语音助手与智能家居设备互动，享受更加智能和便捷的生活。智能医疗系统可以实现远程医疗和健康监测，提高医疗服务的效率和质量。

此外，未来的智能城市还将在许多其他方面进行创新和改进。智能垃圾管理系统可以通过传感器监测垃圾箱的填满程度，优化垃圾收集路线和频率，提高垃圾处理的效率。在新加坡，智能垃圾管理系统已经投入使用，通过传感器和数据分析，显著提高了城市的垃圾处理效率，减少了环境污染。智能教育系统可以根据学生的学习情况提供个性化的学习方案，提高教育质量和效率。在芬兰的赫尔辛基，许多学校已经开始使用智能教育系统，根据学生的学习进度和兴趣提供定制化的教学内容，帮助学生更好地掌握知识和技能。

总的来说，未来的智能城市将是一个充满科技和智慧的城市，生活在这样的城市里，我们将会享受到更高质量的生活，更便捷和舒适的生活方式。让我们一起期待未来的智能城市，共同创造一个更美好的未来吧。智能城市不仅让我们的日常生活变得更加便捷和高效，同时也为可持续发展提供了新的解决方案，创造了更环保和宜居的城市环境。

## 知识拓展：智慧城市

智慧城市通过互联网、传感器、大数据和人工智能等技术，把城市中的各种设施和服务连接起来，让它们能够"聪明"地运作。

### 智慧城市的技术特点

1. 互联网和物联网：智慧城市中有很多设备都连接在互联网和物联网上，比如路灯、交通信号灯、垃圾桶等，这些设备可以通过互联网相互通信和分享数据。

2. 传感器：传感器就像城市的"眼睛"和"耳朵"，可以感知周围的环境，比如温度、湿度、空气质量、交通状况等。这些数据会被传送到中央系统进行分析和处理。

3. 大数据和人工智能：大数据和人工智能可以分析从传感器和其他设备收集到的海量数据，帮助城市管理者做出更明智的决策。比如，通过分析交通数据，人工智能可以优化交通信号灯的时间，减少交通拥堵。

4. 智能服务：智慧城市可以提供很多智能服务，比如智能公交系统可以实时显示公交车的位置和到站时间；智能垃圾桶可以在快满的时候自动通知清洁工来清理。

智慧城市的研究意义

1. 提高生活质量：智慧城市让城市变得更加便捷和舒适。比如，智能交通系统可以减少交通堵塞，让我们的出行更加顺畅；智能家居系统可以让我们的家更舒适和节能。

2. 提升城市管理效率：智慧城市可以帮助城市管理者更高效地管理城市资源。比如，通过智能水管理系统，可以减少水资源浪费；通过智能电网，可以提高电力使用效率。

3. 环境保护：智慧城市可以通过智能传感器和监测系统，实时监测空气质量和污染情况，帮助采取措施改善环境，让城市更加绿色和宜居。

4. 安全保障：智慧城市的智能监控系统可以提高城市的安全性。比如，通过智能监控摄像头，及时发现并处理紧急情况，保障市民的安全。

## 2　时间管理大师高效轻松安排

　　人工智能可以帮助我们更好、更快地管理时间。要理解这一点，我们首先需要了解时间管理的重要性。

　　时间管理是指合理安排和有效利用时间的能力。一个人如果能够有效地管理时间，就能够更好地完成工作，提高工作效率，减少压力，同时也能够更好地享受生活。人工智能可以在这方面提供帮助。

　　首先，人工智能可以帮助我们分析时间使用情况。通过智能设备和应用程序，AI 可以记录和分析我们每天的活动和时间分配，找出时间使用不合理之处，从而帮助我们优化时间安排。例如，AI 应用可以追踪我们在不同任务上花费的时间，并生成报告，告诉我们在哪些方面可以改进。

　　其次，人工智能可以帮助我们制订合理的时间管理计划。许多人在面对大量任务时感到困惑，不知道该如何合理安排。AI 可以根据我们的日程和任务清单，智能地为我们安排时间，提醒我们按时完成任务，避免拖延和浪费时间。例如，AI 助手可以根据我们的日常习惯和工作量，自动为我们安排每日计划，并在适当的时候发出提醒。

此外，人工智能还可以根据我们的习惯和喜好为我们推荐合适的时间管理方法和工具，帮助我们更好地管理时间。每个人的工作习惯和生活方式不同，AI 可以个性化地为我们推荐最适合的时间管理策略。例如，如果你是一个习惯于在早晨高效工作的人，AI 可以建议你将最重要的任务安排在早上。

未来，随着人工智能技术的不断发展，它在时间管理中的应用将会变得更加智能化和个性化。AI 可以通过更深入地分析我们的日常习惯和行为模式，为我们制定最佳的时间管理方案。例如，AI 可以结合我们的生物钟数据，建议我们在最佳时间段进行工作和休息，从而提高效率。此外，AI 还可以通过分析我们的工作和生活情况，为我们提供更加智能化的时间管理建议。

现如今，已经有很多人使用 AI 应用来帮助他们管理时间。比如，Google Calendar 和 Microsoft Outlook 等日历应用，通过整合 AI 技术，可以帮助用户智能地安排会议、提醒重要日期，并且可以根据用户的日程自动建议最佳会议时间，避免日程冲突。

　　总的来说，人工智能在时间管理中的应用有着较大的潜力，可以帮助我们更好地管理时间，提高工作效率，减少压力，让我们的生活更加美好。未来，随着技术的进步，我们可以期待更多智能化的时间管理工具，帮助我们更好地规划和利用时间，享受更加高效和充实的生活。

## 3　秒懂全球语言，环游全世界

首先，让我们了解一下 AI 在语言翻译中的应用。AI 可以通过分析不同语言的语法、词汇和语境，实现跨语言的翻译，帮助人们理解和沟通不同语言的信息。它还可以帮助人们快速翻译大量的文本和口语，节省时间和精力。AI 翻译系统通常依赖于机器学习和自然语言处理技术，能够理解和处理复杂的语言结构和上下文关系。

例如，我国的一些翻译软件，就是利用 AI 技术来实现实时翻译的应用。

其次，让我们看看 AI 在语言翻译中的具体作用。AI 可以通过深度学习和神经网络技术，模拟人类的语言理解和翻译过程，实现高质量的翻译效果。这些技术可以从大量的双语语料库中学习翻译模式和规则，从而生成更加自然和准确的翻译结果。例如，百度使用的 AI 翻译系统可以自动翻译用户发布的帖子和评论，帮助全球用户之间进行交流。此外，百度翻译能通过 AI 技术为用户提供多语言的语音翻译服务，方便国际用户使用。

AI 还可以根据上下文和语境，动态调整翻译结果，提高翻译的准确性和流畅度。例如，在翻译专业文献或技术文档时，AI 可以识别出特定领域的术语和表达方式，确保翻译的专业性和准确性。AI 还可以通过学习用户的翻译习惯和偏好，不断改进和优化翻译效果，提供个性化的服务。

另外，让我们看看 AI 在语言翻译中的未来可能应用。未来，AI 可以成为全球语言交流的桥梁，帮助人们实现跨文化和跨语言的交流。比如，未来的 AI 翻译设备可能会像智能耳机一样，实时翻译用户所听到的外语内容，帮助人们在不同语言环境中自由交流。这样的设备在国际会议、旅游、商务谈判等场合将会非常有用。

AI 还可以帮助人们更深入地了解不同语言和文化背后的故事和意义，促进文化交流和理解。例如，AI 可以通过分析文学作品、历史文献等，帮助人们更好地理解外国文化的背景和内涵。谷歌的文化学院项目就是一个很好的例子，它利用 AI 技术将全球各地的文化遗产数字化，并提供多语言的介绍和解说，促进跨文化的交流和理解。

在教育领域，AI 还可以帮助人们在学习外语的过程中提供个性化的辅导和建议。比如，AI 可以根据学习者的语言水平和学习进度，推荐合适的学习材料和练习题，并提供即时反馈和纠正。

那么，你能想象一个由 AI 实现的翻译吗？在这个翻译中，AI 可以根据上下文和语境，动态调整翻译结果，确保翻译的准确性和流畅度。它还可以实现实时翻译，帮助人们在不同语言之间实现即时的交流和沟通。例如，当你在国外旅行时，你可以使用 AI 翻译应用与当地人无障碍地交流，无论是问路、购物，还是点餐，都能轻松应对。

总的来说，AI 在语言翻译中有着巨大的潜力，它能够帮助人们实现跨语言的交流和理解，为语言交流带来新的可能性。AI 不仅能提高翻译的准确性和效率，还能促进文化交流和理解，帮助人们更好地了解和尊重不同的语言和文化。让我们期待 AI 在语言翻译领域的发展和应用，为我们的语言交流带来更多的便利吧。

## 知识拓展：上下文和语境

　　上下文和语境分析是让计算机更聪明的一种技术。它们可以帮助计算机更好地理解我们说的话或写的文字。不只是逐字逐句地理解，而是结合整个句子的意思和背景来理解。

　　比如，当你说"我饿了"，计算机不仅要知道你在说什么，还要知道你可能想找吃的。这就需要上下文和语境分析。

### 技术特点

　　1. 自然语言处理：这是一种让计算机理解人类语言的方法。计算机需要学习我们的语言规则、单词的意思和句子的结构。

　　2. 语境分析：计算机会分析你说话或写作的背景信息。这些背景信息可以是前后文的内容，或者是你正在讨论的主题。

　　3. 机器学习：计算机通过学习大量的数据，慢慢地学会如何理解复杂的句子。比如，计算机会学习很多人类对话的例子，从中找出规律。

4. 神经网络：这是一种模拟人脑工作方式的技术。通过神经网络，计算机可以更好地理解语言中的细微差别。

研究意义

1. 提高智能助手的表现：当我们和智能助手（比如Siri或者小爱同学）对话时，上下文和语境分析可以帮助它们更准确地理解我们的需求，提供更好的帮助。

2. 改进翻译质量：在翻译语言时，理解上下文和语境非常重要。比如，英语中的"bank"可以指"银行"或者"河岸"，语境分析可以帮助计算机选择正确的意思。

3. 增强人机互动体验：通过更好地理解上下文和语境，计算机可以与人类进行更自然、更流畅的对话。这样，我们和计算机交流时会感觉更舒服。

4. 教育和学习：计算机可以根据学生的回答和行为，提供个性化的学习建议，帮助他们更好地理解和掌握知识。

## 4　带你穿越虚拟世界，酷炫冒险

首先，让我们了解一下 AI 在游戏设计中的应用。AI 可以帮助游戏开发人员生成游戏场景、角色设计和故事情节，节省开发时间和成本。比如，我们前文提到过 GANs，通过使用生成对抗网络（GANs），AI 可以自动生成高质量的游戏图像和动画，从而减少人工设计的工作量。开发人员只需提供一些基本的设计方向和素材，AI 就能创造出丰富多彩的游戏世界。此外，AI 还可以根据玩家的反馈和行为，调整游戏的难度和体验，提高游戏的趣味性和挑战性。这样一来，玩家在游戏中遇到的挑战将始终与他们的技能水平相匹配，保持游戏的吸引力。

其次，让我们看看 AI 在游戏设计中的具体作用。AI 可以通过分析大量的游戏数据和玩家反馈，为游戏设计提供参考和灵感。例如，AI 可以通过分析玩家的游戏行为，发现哪些游戏机制和元素最受欢迎，并帮助开发人员优化这些机制。AI 还能预测玩家可能会喜欢哪些新特性，从而引导开发人员创造出更具吸引力的游戏内容。AI 还能帮助游戏开发人员生成新颖的游戏玩法和机制。例如，AI 可以通过模拟不同的游戏规则和设定，生成多种游戏玩法供开发人员选择。这样一来，游戏开发人员可以专注于创意和故事，而不必耗费大量时间在技术细节上。

另外，AI 还能帮助游戏开发人员优化游戏性能和用户体验。例如，AI 可以通过实时监控游戏的运行状态，识别和解决性能瓶颈，确保游戏在各种设备上都能流畅运行。AI 还能通过分析玩家的反馈和行为，调整游戏的界面和控制方式，使其更加直观和易用。

让我们来看一个实际的例子：有一款名为《No Man's Sky》的游戏，其广阔的宇宙和星球都是由 AI 生成的。开发人员通过编写算法，让 AI 根据特定的规则生成无数个独特的星球和生态系统。玩家可以在这些星球上进行探索，发现新的生物和资源。这款游戏的成功显示了 AI 在生成内容方面的巨大潜力。

另外，还有一些公司正在利用 AI 技术开发更加智能和具有互动性的游戏角色。例如，OpenAI 的 ChatGPT 模型已经被用于创造能够与玩家进行复杂对话的游戏角色。这些角色不仅能理解和回应玩家的语言，还能根据上下文提供有意义的互动，从而增强游戏的沉浸感。

　　未来，AI 在游戏设计中的应用可能会更加广泛和深入。例如，AI 可以成为游戏设计的重要工具，帮助游戏开发人员实现更加丰富和多样化的创作。AI 还能帮助游戏开发人员创造出更加智能和具有情感的游戏角色，增强游戏的代入感和沉浸感。想象一下，未来的游戏角色不仅能够根据脚本进行行动，还能根据玩家的行为和情感做出实时反应，提供更加个性化和动态的游戏体验。

　　另外，AI 还能帮助游戏开发人员设计出更加个性化和符合玩家需求的游戏。通过分析玩家的行为和偏好，AI 可以为每个玩家定制独特的游戏体验。比如，AI 可以根据玩家的喜好和行为，动态调整游戏的难度和内容，让每个玩家都能体验到定制化的游戏乐趣。这样的游戏可能会更加吸引人，让玩家沉浸其中，乐在其中。

　　总的来说，AI 在游戏设计中有着巨大的潜力，它能够帮助游戏开发人员实现更加丰富和多样化的创作，为游戏界带来新的可能性。让我们期待 AI 在游戏设计领域的发展和应用，为我们的游戏世界带来更多的惊喜和创意吧。

知识拓展：沉浸式游戏

乐趣点

1. 身临其境：你可以感觉自己真的在游戏里，就像做了一场逼真的梦。你可以四处走动、跳跃，甚至和游戏里的角色对话。

2. 互动性强：沉浸式游戏让你和游戏环境进行很多互动。你可以用操作手柄拿起游戏里的物品，或通过身体动作控制角色的行动。

3. 丰富的体验：这种游戏通常有非常漂亮的画面和逼真的声音效果，让你感觉像是在电影里一样。你可以在不同的世界里冒险，比如魔法森林、未来城市或者恐龙岛。

## 5 星辰大海，AI 外太空小助理

让我们一起来探讨一个比较大的概念：人工智能可以在太空探索中发挥重要作用。要初步理解这一点，我们首先需要了解一下太空探索的挑战。太空探索是一项极具挑战性的任务，宇航员需要面对各种未知的情况和环境。人工智能可以帮助宇航员应对这些挑战，从而提高任务的成功率和安全性。

首先，人工智能可以帮助宇航员管理太空舱内的资源。例如，人工智能可以根据宇航员的需求和舱内的资源情况，智能地调配食物、水和氧气等资源，确保宇航员能够安全地生活和工作。在国际空间站（ISS）上，已经使用 AI 来优化资源管理和任务计划。AI 系统可以分析宇航员的日常活动数据，预测未来的资源需求，并自动调整资源分配，以确保供应的持续和有效利用。

其次，人工智能可以帮助宇航员识别和解决问题。太空环境复杂且充满未知，设备和系统的故障随时可能发生。人工智能可以通过分析太空舱内的传感器数据，提前发现可能的故障

并采取措施修复，确保太空舱的正常运行。例如，机器人助手
Astrobee 已经被用来在国际空间站上进行自动检查和维护任务；
Astrobee 配备了 AI 系统，能够自主导航、监控设备状态，并在
检测到异常时发出警报。

再者，人工智能在太空探索中的作用还体现在科学研究和
数据分析方面。在执行太空任务中会收集大量的数据，这些数
据需要及时处理和分析，以便科学家们做出决策。人工智能可
以通过机器学习算法，从海量数据中提取有用的信息，加速科
学发现的进程。例如，在火星探测任务中，AI 已经被用来分析
火星车传回的图像和数据，识别出值得进一步研究的地形特征
和矿物组成。

未来，随着人工智能技术的发展，它在太空探索中的应用
将更加广泛。比如，人工智能可以帮助宇航员进行科学实验和
研究，发现新的宇宙奥秘。在月球和火星基地建设中，AI 可以
帮助规划和优化基地布局，提高资源利用效率。AI 还能通过虚
拟现实（VR）和增强现实（AR）技术，为宇航员提供更加沉
浸式的培训和模拟环境，帮助他们更好地适应太空生活和工作。

## 知识拓展：太空

### 探索太空的意义

1. 科学发现：通过探索太空，我们可以了解宇宙的起源和演变。我们可以研究其他星球，寻找生命的迹象，揭开许多科学谜题。

2. 技术进步：探索太空需要很多先进的技术，这些技术不仅用于太空，还会被应用到我们的日常生活中，比如卫星导航、天气预报和医疗设备等。

3. 激发梦想：太空探索激发了无数人的梦想和想象力。孩子们通过了解太空，也许会梦想成为科学家、工程师或宇航员，努力为人类的未来贡献力量。

## 6　文物保护，AI 来帮助

人工智能在保护文化遗产方面发挥着越来越重要的作用。它可以帮助我们更好地保存和修复文物，保护我们珍贵的文化遗产。让我们深入了解一下 AI 在这一领域的具体应用和未来潜力。

首先，AI 可以帮助我们更好地管理文物。通过数字化技术，AI 可以对文物进行精准的三维扫描和建模，记录每一个细节和损伤，从而帮助文物专家更好地了解文物的状况，制定更科学的保护和修复方案。

其次，AI 可以帮助修复文物。通过深度学习和图像识别技术，AI 可以识别文物的损伤部位，并模拟出最合适的修复方案。例如，如果一幅古画有损坏，AI 可以根据画面的特征和历史数据，提出最佳的修复方案，使古画恢复原貌。在意大利佛罗伦萨，乌菲齐美术馆使用 AI 技术修复了一些受损的文艺复兴时期的画作。通过分析画作的风格和颜色，AI 帮助修复师们更准确地恢复画作的原始状态。

另外，AI 还可以帮助监测文物的保存状况。通过传感器和监控设备，AI 可以实时监测文物的环境条件，如温度、湿度等，及时发现问题并采取措施保护文物。例如，如果一件古代文物暴露在高温高湿的环境中，AI 可以及时发出警报，提醒工作人员采取措施降温降湿，保护文物不受损害。在中国，故宫博物院（The Palace Museum）已经引入了 AI 技术来监测馆内环境，以确保珍贵文物的保存条件始终处于最佳状态。

此外，AI 还可以帮助我们进行考古发掘和遗址保护。在考古学中，AI 可以通过分析卫星图像和地理信息系统（GIS）数据，发现新的考古遗址和未被发现的古代建筑。例如，在埃及，AI 技术被用于分析卫星图像，帮助考古学家发现了隐藏在沙漠下的古代城市和墓葬。这种技术不仅提高了考古发现的效率，还减少了对遗址的破坏。

未来，随着 AI 技术的不断发展，它将在文化遗产保护方面发挥更大的作用。例如，未来的智能文物保护系统可能会通过机器人和无人机等技术，对文物进行定期巡检和维护，从而保护我们宝贵的文化遗产。麻省理工学院（MIT）正在研究一种使用 AI 和机器人技术的系统，可以对历史建筑进行自动化检查和修复，确保这些建筑能够长久保存。

总的来说，AI 的发展为文化遗产的保护提供了新的思路和方法，但同时也需要我们保护好个人隐私和数据安全，确保 AI 技术的正确应用。我们可以期待 AI 在未来为文化遗产保护带来更多的创新和进步。在全球范围内，各大博物馆和文化遗产保护机构正在积极探索 AI 技术的应用，为我们的文化传承和历史遗产提供更强有力的保护。

### 知识拓展：三维扫描和建模

三维扫描和建模是用来创建物体的三维图像的技术。你可以想象一下，把一个立体的玩具车通过特别的相机拍下来，然后在电脑里看到它的立体图像，这就是三维扫描和建模的基本概念。

**技术特点**

1. 三维扫描：三维扫描使用特殊的相机或者激光扫描

仪，拍摄物体的各个角度，然后把这些图片组合在一起，形成一个完整的三维图像。这个过程就像是给物体拍了无数张照片，然后拼成一个立体的图。

2. 建模软件：一旦有了这些扫描的图像，就需要用特殊的软件来处理和编辑这些图像。这些软件可以让你在电脑上看到物体的三维图像，还可以进行修改和调整，比如改变颜色、大小或形状。

3. 高精度：三维扫描和建模技术可以精确地捕捉物体的细节，从而生成真实的三维图像。这对于需要高精度的应用比如医学和工程，很重要。

研究意义

1. 保护文化遗产：三维扫描可以用来记录和保存珍贵的文物和古迹。如果这些文物被损坏或丢失，科学家们可以用三维图像来进行修复或者重建。比如，一座古老的雕像可以通过三维扫描保存下来，即使雕像本身遭到破坏，我们仍然可以通过图像看到它的原貌。

2. 医学应用：在医学领域，三维扫描和建模可以用来创建人体的三维图像，帮助医生更好地了解病人的情况。比如，医生可以通过三维图像看到病人的骨骼结构，从而更准确地进行手术。

3. 娱乐和游戏：三维建模在电影和游戏中也有广泛应用。比如，你最喜欢的动画电影中的角色，可能就是通过三维建模技术创建出来的。这个技术让角色看起来更加逼真，动作更加流畅。

4. 工程和制造：在工程和制造领域，三维建模可以用来设计和测试各种产品。比如，汽车制造商可以先在电脑上创建汽车的三维模型，进行各种测试，确保汽车的安全性和性能，然后再开始生产。

## 7　未来，和 AI 一起做有趣的事

你想象过和人工智能一起做一些有趣的事情吗？未来，我们可以和 AI 一起做许多有趣的事情。如果可以，你希望和 AI 一起做些什么呢？让我们一起来聊聊吧。

首先，可以和 AI 一起探索未知的世界。我们可以利用 AI 的智能和计算能力，探索宇宙和深海等未知领域，发现新的星球和生物，揭示世界的奥秘。例如，我们可以设计一台 AI 探测器，让它自主探索未知的星球，发现新的星系和行星，为人类探索宇宙提供新的视角。在我国，有科技企业已经在使用 AI 技术来分析大量的太空数据，帮助发现新的行星和星系。未来，AI 探测器可以通过自主学习和适应能力，在未知的环境中进行更加深入和复杂的探索。

其次，可以和 AI 一起创作一些有趣的艺术作品。我们可以利用 AI 的创作能力和想象力，共同创作音乐、绘画、文学作品等。例如，我们可以设计一个 AI 音乐合成器，让它根据我们的想法和情感创作音乐，共同创作出美妙动听的音乐作品。例如，

AI 作曲软件 AIVA 可以根据用户的需求创作出各种风格的音乐，帮助音乐家找到灵感。AI 绘画工具如 DeepArt 可以将普通照片转化为风格独特的艺术作品，让人们体验到创作的乐趣。

另外，可以和 AI 一起打造一个智能家居系统，让我们的生活更加便捷和舒适。我们可以利用 AI 的智能和学习能力，设计一个智能家居系统，可以自动调节家庭设备和环境，提供个性化的生活服务。例如，我们可以设计一个智能家庭助手，让它根据我们的习惯和需求，自动调节家庭设备，提供智能化的家居体验。在一些国家和地区，许多家庭已经安装了智能家居系统，这些系统可以通过语音控制家中的灯光、温度和安全设备。

此外，可以和 AI 一起进行科学研究。我们可以利用 AI 的强大数据分析能力，进行复杂的科学研究，解决一些难题。例如，AI 可以帮助我们分析大量的基因数据，发现新的治疗方法和药物。

总的来说，和 AI 一起做有趣的事情，是一次探索未知、创造美好的机会。让我们共同期待未来，和 AI 一起创造出更多有趣的事情，让生活变得更加美好和有趣吧。

## 知识拓展：AI 探测器

AI 探测器是一种使用人工智能（AI）技术来探测和分析各种事物的设备。你可以将它想象成一个聪明的机器人，它可以帮助我们发现和了解很多我们平时无法看到的事物。比如，AI 探测器可以在深海中找到新的生物，在太空中寻找新的星球，还可以在地球上监测环境变化。

### 技术特点

1. 智能分析：AI 探测器不仅能收集数据，还能通过人工智能技术进行分析。

2. 自学习能力：AI 探测器可以不断学习和提升自己的能力。每次探测到新事物，它都会将这些信息记住，并且在下一次探测时变得更加聪明和高效。

3. 自动化操作：AI 探测器可以自主进行很多操作。比如，在深海中探测时，它可以自己游动、拍摄和分析，不需要人类潜水员时刻跟随。

研究意义

1. 探索未知：AI 探测器可以帮助探索很多我们之前不知道的地方和事物。比如，可以在深海中找到新的鱼类或在太空中发现新的星球，这些发现可以让我们对世界和宇宙有更多的了解。

2. 环境保护：AI 探测器可以帮助我们监测地球的环境变化，比如空气质量、水质和森林覆盖等。通过这些监测数据，我们可以及时采取措施保护环境，减少污染。

3. 科学研究：AI 探测器在科学研究中也有一定的作用。比如，科学家可以使用 AI 探测器来研究动物的行为、植物的生长情况，甚至是火山的活动规律。这些研究可以帮助我们更好地理解自然现象和生物的生活方式。

4. 提高效率：AI 探测器可以在很多领域提高工作效率。比如，在农业中，AI 探测器可以帮助农民监测土壤和作物的生长情况，提高农作物的产量和质量；在医学中，AI 探测器可以帮助医生进行早期疾病检测，提高诊断的准确性和及时性。